にっぽん全国おみやげおやつ

甲斐みのり

白泉社

はじめに

くまサブレ
150円

お菓子は、私の人生における研究テーマであり、アイドルみたいな存在です。それぞれの家でつくるごはんが〝家庭の味〟であるのに対して、その土地に暮らす人が共通して味わうお菓子は、〝街の味〟、〝街の文化〟、〝街のみやげ〟として、個々の記憶に根ざします。だからこそ、まずは自分が暮らす街の味を愛でることを大切に思います。東京都杉並区に十数年住まう私のトップアイドルは、西荻窪で50年続く間口一間のパン店〈しみずや〉で、店主・金原さんが焼く「くまサブレ」。無垢な愛らしさと素朴な味わいで、今の自分の地元で自慢できる味として旅先へ連れていき、おみやげに手渡しています。

　この本が、日本全国のお菓子やおやつを見つめ直すきっかけになればという思いで、個人的におすすめしたい全47都道府県の品々を紹介しています。制作開始直後にコロナ禍に直面し、ますます自分の身近にある店や味を慈しむことの大切さを感じました。同時にまた日本各地でおやつの旅を楽しみたいと願っています。

しみずや

東京・西荻窪駅の商店街にある対面式のパン屋さん。しみずやのおじちゃんこと金原さんが店内で焼く総菜パンや菓子パン、くまサブレなどのお菓子がガラスケースに並ぶ。東京都杉並区西荻北4-4-5　☎03-3390-6781　時12時半頃〜19時頃（日によって変更あり。売り切れ次第閉店）　休水

もくじ

○本書に掲載したデータは２０２１年10月時点のものです。商品の価格や内容、パッケージ、店舗の情報は変動することがありますので、ご了承ください。

○制作期間２０２０年5月～２０２１年10月の間に発売停止になったものに関しては「発売停止」と書き添えています。

○番号を振っているお菓子は、巻末のさくいんにお問い合わせ先を掲載しています。／（スラッシュ）以降がお問い合わせ先名です。お取り寄せの可否も掲載していますので参考にしてください。

○価格はすべて消費税込みです。

1

お取り寄せできるおやつ

なかなか自由に旅することができない時期に、
旅気分を味わえるのが、お取り寄せできるおやつの存在。
比較的新しくＳＮＳでも話題になっているものから、
安定感のある老舗の名物まで、幅広く選んでいます。
そんな中、おいしい味は大前提な上で共通しているのは、
お菓子の色や形に遊び心があったり、パッケージにも心ときめくこと。
お取り寄せしたお菓子をおやつの時間に噛み締めながら、
ほっと気持ちが和らいだり、また旅に出たくなるような
視覚的にも楽しめるものが勢ぞろいしています。

01.

〈コンディトライミーネ〉の
エンガディーナ、りすの大好物缶入り

静岡県

静岡県三島市の菓子店〈コンディトライミーネ〉のエンガディーナは、りすの型押しに一目ぼれ。中には、大粒のくるみのヌガーがぎっしり！　不定期販売のため、販売前にInstagram、Facebookで販売日を事前告知。オンラインショップは抽選販売のみ。りすの大好物缶入り［6個入り］3736円／コンディトライミーネ

お取り寄せ可　HPにて通販可（予約不可。抽選販売）／常温

02.

〈無花果〉の廣島バターケーキ

広島県

広島を代表する洋菓子と言えば、バターケーキ。無添加で良質な材料を厳選した洋菓子を提案する〈無花果〉のバターケーキは、広島の向原高原の自然卵を使用しています。しっとりと、それでいてしっかりとした食感の生地は、食べ応えがありやみつきに。廣島バターケーキ［直径15cm］1404円／西洋菓子 無花果

お取り寄せ可　HP、TEL、FAXにて通販可
常温

03.

〈莚寿堂本舗〉の糸切餅

滋賀県

縁結びの多賀大社前にある〈元祖 莚寿堂本舗〉の名物・糸切餅。13世紀、日本は蒙古軍の襲来を二度も神風で免れたことに感謝をして、蒙古軍の旗の3本線を餅に入れ弦で切り、お供えしたことから始まったお菓子。糸切餅［10個入り］650円、糸切飴［100g］350円、糸切よーち［110g］400円／糸切餅 元祖　莚寿堂本舗

お取り寄せ可　HPにて通販可／糸切餅は冷蔵便・要冷蔵。他は常温

04.

〈ヒッコリースリー トラベラーズ〉の浮き星

新潟県

新潟の伝統菓子・ゆか里をアレンジした「浮き星」は、金平糖のように見えて、実はあられを砂糖で包んだもの。そのまま食べるとサクサクと、お湯に浮かべるともちっとします。伝統菓子を多くの人に知って欲しいと、ミントやいちご、コーヒー味で和洋折衷に。浮き星 はくちょう8種セット3240円／ヒッコリースリートラベラーズ

お取り寄せ可　HPにて通販可／常温

（下）**06.**

〈都松庵〉のMIYAKO MONAKA

京都府

京都にある創業70年のあんこ屋が手がける、あんこ菓子専門店〈都松庵〉。この最中は、器のようなパリパリの最中種に、風味豊かなたっぷりのあんこと求肥を自分で盛って食べるというもの。アイスを一緒に入れて食べるのもおすすめ。MIYAKO MONAKA［粒あん2袋、最中種1組、求肥1袋を1セット］320円／都松庵

お取り寄せ可　HP、TEL、FAXにて通販可／常温

（上）**05.**

〈ボナペティ〉のアルカンシエル

山口県

“空にかかる橋”を意味する「アルカンシエル」という名のロールケーキは、まさに虹のようなストライプが華やか。このストライプはそれぞれストロベリー、メロン、ベリーミックスなど5種の果汁を使ったスポンジで、着色料を使っていないというから驚きです。アルカンシエルルポン［長さ14cm］2380円／ボナペティ

お取り寄せ可　HPにて通販可／冷凍便・要冷凍、要冷蔵・冷蔵庫解凍

07.

〈VOSTOK labo〉の ふくろうのチーズクリームサンド

北海道

根室にある〈VOSTOK labo〉は道東近郊の新鮮な食材を選び、お菓子をつくるアトリエ。根室に生息するふくろうを象ったチーズクリームサンドは、牛が食べる草からこだわり製造している有機発酵バターを贅沢に使用。ふくろうのチーズクリームサンド［6羽入り］（コーヒーとセットの「ふくろう便」2900円）／VOSTOK labo

お取り寄せ可　HPにて通販可／冷凍便・要冷凍・自然解凍

08.

〈伊藤軒／SOU・SOU〉の SO-SU-U羊羹カステイラ

京都府

京都発の老舗菓子店〈伊藤軒〉とテキスタイルブランド〈SOU・SOU〉のコラボレーション。昔ながらの素朴なカステラを、テキスタイル「SO-SU-U」（十数）の数字モチーフに。SO-SU-U 羊羹カステイラ（和三盆）［10個入り］※写真の商品は販売終了。個包装になりリニューアルした商品（1296円）を販売中。／伊藤軒／SOU・SOU

お取り寄せ可　リニューアル商品はHP、TELにて通販可 常温

09.

〈純喫茶アメリカン〉の
アメリカン特製カスタードプリン
大阪府

大阪のなんば駅からすぐ近く、昭和21年創業の〈純喫茶アメリカン〉で長く愛され続けているカスタードプリン。オーブンでじっくり焼き上げられ、口当たり滑らか。表面の焦げ目も香ばしい。お店のシンボル、星柄のパッケージも一目見たら忘れられません。
アメリカン特製カスタードプリン各260円／純喫茶アメリカン

お取り寄せ可　TEL、店頭にて、2個より注文可（支払い方法は、店頭は現金、郵送は現金書留のみ）／冷蔵便・要冷蔵

10.

〈カフェドゥザザ〉のお花のジャムクッキー

北海道

可憐なお花の缶に、寄り添い合うお花のジャムクッキー。先々まで予約が埋まっているというこちらは、店主自ら生地をこね、低温でじっくり焼き、自家製のいちごとフランボワーズのジャムを1つ1つ手作業でサンドしているそう。店頭でも販売（個数制限あり）。お花のジャムクッキー［12枚入り］1080円／カフェドゥザザ

お取り寄せ可 HPのCONTACTより予約注文可（備考欄にお花のジャムクッキー予約と明記）／常温

（右） **11.**

〈Mr.CHEESECAKE〉の Mr.CHEESECAKE with Cooler Bag

東京都

〈Mr. CHEESECAKE〉は曜日限定の通信販売。クリーミーなチーズケーキが冷凍で届き、①冷凍のままアイスケーキのように味わう、②半解凍で外側滑らか、中心ひんやりの食感を楽しむ、③解凍して滑らかさを味わう、の3段階を楽しめます。Mr.CHEESECAKE with Cooler Bag［長さ約17cm］3456円／Mr.CHEESECAKE

お取り寄せ可　HPにて通販可／冷凍便・要冷凍・完全解凍の場合は室温で1.5〜2時間

（下） **12.**

〈あぜち食品〉のマックのポップコーン

高知県

高知でポップコーンと言えば、ほんのり甘い「マック」のシュガーコーンというくらい、地元で親しまれているそう。写真のしお、キャラメル、シュガー味のほかに、梅かつおやコンポタ味なども。マックのポップコーンしお味［90g］130円、キャラメルポップコーン［80g］162円、シュガーコーン［80g］162円／あぜち食品

お取り寄せ可　HP、TELにて通販可／常温

13.

〈佐藤製菓工場直売所〉のイモ当て

青森県

青森・津軽地方に伝わるあんドーナツ「イモ当て」は、付属のくじをめくって「親」が出れば大きいサイズを、「子」が出れば小さいサイズを食べるという、エンターテイメント性たっぷりなお菓子。津軽では、お盆や年末年始の定番みやげだそう。プチ・イモ当て［大3個、小8個、くじ付き］1134円／佐藤製菓工場直売所

お取り寄せ可　HPリンク先「まごころふるさと便」にて通販可（受注生産）／常温

14.

〈パティスリー ル・ポミエ〉のポムダムール

東京都

木箱にぎゅっと収められた姿に愛おしさを感じる、りんご型のチョコレート・ポムダムール。かわいらしい見た目とは裏腹に、カルヴァドス風味（赤）と、キャラメリゼしたりんごを使用したタルトタタン味（緑）でぐっと濃厚で奥深い。ポムダムール［4個入り］4280円／パティスリー ル・ポミエ 北沢本店

お取り寄せ可　HPにて通販可
冷蔵便・要冷蔵

15.

〈キノシタ〉のレーズンバターサンド

兵庫県

木下さんご夫婦が営む、焼き菓子を中心としたカフェの看板菓子。ご主人がクッキー生地から手づくりしており、滑らかなバター100%のクリームと、大粒のラムレーズンが黄金バランス。店内には奥様が選んだ本が100冊以上並び、時を忘れて過ごせます。レーズンバターサンド[10個入り]2200円／Sweets & Booksキノシタ

お取り寄せ可　HPにて通販可／冷蔵便・要冷蔵

16.

〈オカシヤ キイロ〉の週末シトロン

奈良県

商品名「週末シトロン」の由来となった、フランスの伝統菓子・ウィークエンドシトロンの生地をレモン型に焼いたお菓子。こだわりの粉の配合と贅沢に使ったよつ葉バターによって、しっとりと上品な味わいに。パッケージは、京都の〈Subikiawa食器店〉が手がけたもの。週末シトロンBOX［8個入り］2333円／オカシヤ キイロ

お取り寄せ可 HPにて通販可／常温（5月〜10月頃は冷蔵便）

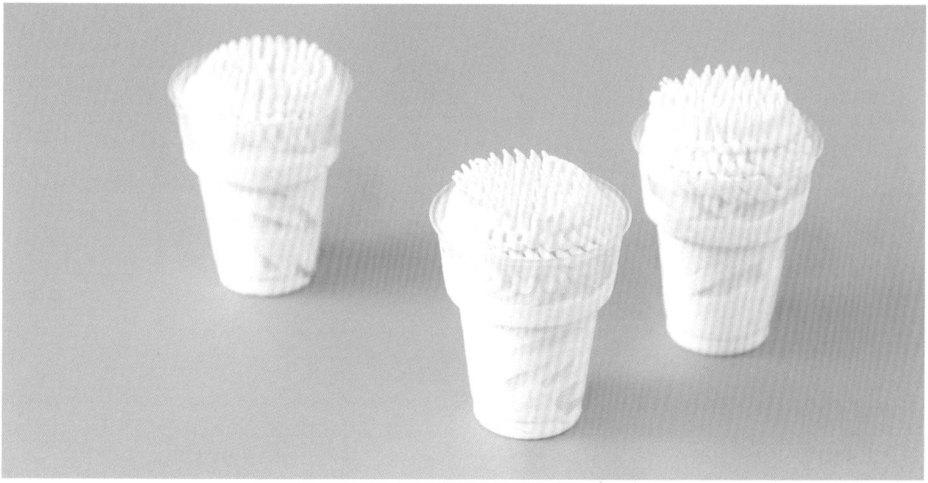

(下) **18.**

〈TABLES CoffeeBakery & Diner〉の 堀江バターサンド

大阪府

塩味のある薄いサブレと対照的なボリュームのあるバタークリームが圧巻。洋酒の効いたクリームに、レーズンとフリーズドライいちごを混ぜ込み思いのほかあっさり。冷凍便で届くので、凍ったまま食べてもおいしい。堀江バターサンド［レーズンバター・イチゴミルク各4個入り］2800円／TABLES CoffeeBakery & Diner

お取り寄せ可　HPにて通販可／冷凍便・要冷蔵

(上) **17.**

〈ついんスター〉の 芸術ソフト

熊本県

ミルククラウンを模した形状のアイスクリームは、酪農王国・熊本県の牛乳をたっぷりと使用。店頭では季節のアイスなど30種ほど販売。※写真の芸術ソフト［バニラ5個入り］は通販終了。現在は［バニラ2個、いちご2個、チョコ1個入り］3900円のセットで販売。／アイスクリーム専門工房 ついんスター

お取り寄せ可　リニューアル商品はHPにて通販可
冷凍便・要冷凍

19.

プリン＋ソフトクリーム
夢のコンビ、冷凍プリンソフト

三重県

“ムチュムチュ食感”のプリンに濃厚なソフトクリーム、さらにコーンが帽子のようにのった「冷凍プリンソフト」は、年間2万5000個も販売している人気のおやつ。冷凍状態の商品を冷蔵庫で30〜40分かけて解凍すると食べ頃に！　冷凍プリンソフト［4個入り］1680円／冷凍プリンソフト

お取り寄せ可　HP、TEL、メールにて通販可
冷凍便・要冷凍・冷蔵庫解凍

20.

〈ラ・サブレジエンヌ〉のシャ・ブラン

東京都

フランス・ロワール地方、サブレ発祥の街にあるサブレブランド。フランス産発酵バター100％使用、保存料不使用のサブレは風味豊かでサクサク。商品名の「シャ・ブラン」とは白い猫という意味。シャ・ブラン［ピュアバター・塩バターキャラメル40枚入り（各種4枚入り×5袋）］3888円／シャルマン・グルマン

お取り寄せ可　HPにて通販可／常温

21.

〈アンジェココ〉のバターケーキ

佐賀県

佐賀県鳥栖市にあるパティスリー〈アンジェココ〉はフランスの片田舎を思わせる店構え。1日20本限定販売のバターケーキは、パッケージや装飾のないケーキがまるでバター。クリームは北海道・日高産のバターをたっぷりと使い、スポンジはふわふわ。柚子ジャムがアクセントに。バターケーキ1400円／アンジェココ

お取り寄せ可　HPにて通販可／冷凍便・要冷凍・自然解凍

22.

〈栗林庵〉のつまんでみまい

香川県

讃岐弁で「食べてみて」を意味する「つまんでみまい」は、植物原料だけでつくられた米粉のクッキー。4種の味に使われているお茶、醤油、塩、白味噌は香川県産を使用。パッケージには、香川を代表する郷土玩具が描かれています。つまんでみまい［20個入り（5個入り×4種）］1188円／かがわ物産館「栗林庵」

お取り寄せ可　HPにて通販可／常温

24.

〈メルヘン日進堂〉の
お菓子な彩えんぴつ&SORAの橋セット

石川県

バウムクーヘンが看板の老舗和洋菓子店〈メルヘン日進堂〉の色えんぴつと虹型バウムクーヘンは、ドイツからバウムクーヘンが伝わって100年を記念した商品。色鉛筆の芯はカラーチョコレート。お菓子な彩えんぴつ&SORAの橋セット［えんぴつ型バウムクーヘン5個、SORAの橋 4個入り］4200円／メルヘン日進堂

お取り寄せ可　HPにて通販可／常温

23.

〈いづも寒天工房〉の
雪ふわり

島根県

寒天にメレンゲを合わせたふわふわの淡雪羹に、甘夏、いちご、巨峰など8種の小粒寒天ゼリーがちりばめられた、まるで宝石のようなお菓子。日本一の縁結びの神社として名高い、出雲大社の表参道沿いに店舗があるので、詣でた際には立ち寄って。雪ふわり［8個入り］960円／いづも寒天工房　出雲大社参道本店

お取り寄せ可　HPにて通販可／常温

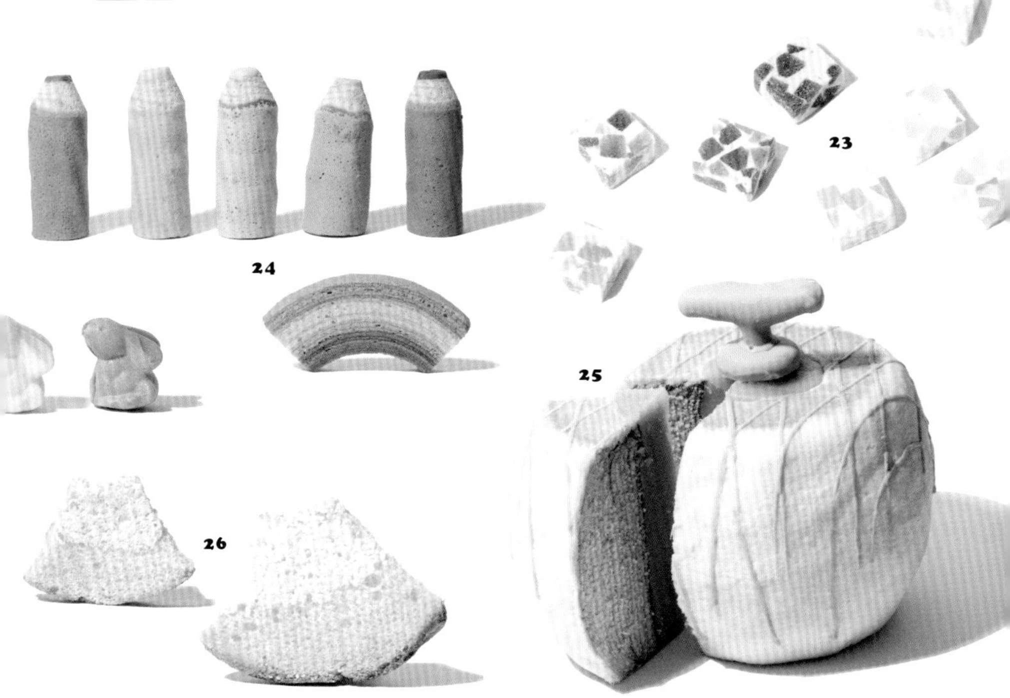

26.

〈シフォン富士〉の
ふじフォンラスク

山梨県

山梨県富士吉田市にある〈シフォン富士〉で大人気の富士山型シフォンケーキをカットして焼き上げた、富士山型ラスク。忍野産の卵、朝霧牧場の牛乳など、地元の素材を使った無添加の優しい甘さは毎日のおやつに。食感は固すぎず、サクサクと軽やか。ふじフォンラスク［50g］670円／シフォン富士

お取り寄せ可　HP、TELにて通販可／常温

25.

〈ファームクーヘン フカサク〉の
メロンバウムプレミアム

茨城県

日本一のメロンの産地、茨城県鉾田市うまれのメロン型バウムクーヘンは直径14.5cmとメロンの実寸大！　バウムクーヘンの生地や中心の羊羹、外側のパイ生地に自家農園のメロン果汁を丸ごと1個分使用し贅沢な味わい。人気のため配達の日付指定が不可。メロンバウムプレミアム6300円／ファームクーヘン フカサク

お取り寄せ可　HPにて通販可／冷蔵便・要冷蔵

27.

〈バターのいとこ〉の 無脂肪乳を活用したゴーフレット

栃木県

生地に挟まれたミルクジャムは、バターをつくる過程で出る無脂肪乳が材料。このお菓子は安価で売られている無脂肪乳の価値を高めるべく考案されたもので、おみやげとしてたくさんの人が食べれば、食べた人はもちろん、酪農家もお菓子をつくる地域も、みんな笑顔に。バターのいとこ［3枚入り］864円／バターのいとこ

お取り寄せ可　HPにて詰め合わせセットのみ通販可
冷蔵便・夏季は要冷蔵

28.

〈HIROTA〉の シューミル しろねこ

東京都

思わず微笑んでしまう〈HIROTA〉のケーキ。シュークリーム専門店だけに、スポンジではなくシュー生地で、カスタードホイップとカスタードクリームをブレンドしたクリームのミルフィーユ。チョコレートクリームをブレンドした「くろねこ」もあり。シューミル しろねこ［直径15cm］1620円／HIROTA新橋駅前店

お取り寄せ可　HPにて通販可
冷凍便・要冷凍・冷蔵庫解凍

28

27

29

30

29.

〈みずの〉のこうさぎ最中

東京都

伝統の黒あんのみならず、柚子、あんずを練り込んだ白あんなど、バラエティ豊かな5種のあんが楽しめる最中。立体的なこうさぎの型は、時間をかけてうまれた〈みずの〉のオリジナル。店舗のご近所にあるとげぬき地蔵の参拝みやげとしても愛されています。こうさぎ最中［10個入り］1954円／元祖 塩大福 みずの

お取り寄せ可　TEL、FAX、通販専用サイト（www.happybaby.jp/i/kousagi-monaka05#）にて通販可
常温（夏季のみ遠方地域は冷凍便）

30.

〈黒糖カヌレほうき星〉の冷凍黒糖カヌレ

沖縄県

沖縄にある黒糖カヌレ専門店のお取り寄せ専用カヌレ。沖縄・多良間島産の黒糖をたっぷりと使い、カリッモチッとした食感。味のバリエーションにドラゴンフルーツ&シークヮーサー味や、大宜味村の緑茶味など、沖縄の特産物を用いているのがユニーク。冷凍黒糖カヌレ［8個入り］1580円／黒糖カヌレほうき星港川本店

お取り寄せ可　HPにて通販可
冷凍便・要冷凍・トースターで解凍

街とおやつ ❶

大阪府

〈純喫茶アメリカン〉が所在する道頓堀界隈は、昔から多くの芝居小屋がやぐらを構えていたところ。この「アメリカン特製カスタードプリン」も楽屋見舞いの定番で、藤山寛美さんはじめ多くの役者や裏方さんたちに愛されてきた、幾多の物語が詰まったおやつです。

P.13

2

あの人に贈るおやつ

旅や散歩のおみやげとしてはもちろんのこと、
日頃の感謝やお世話になっているお礼の気持ちを込めて、
お客様、先輩、友人、家族など、大切な人に贈るおやつ。
どんなとき、どんなふうに味わってほしいか思いを巡らせたり、
一緒に味わう風景を想像したり。
届ける相手の好みや喜ぶ顔を考えながら選ぶのも一興です。
少しかしこまって差し出す自分も、
受け取る方も、にっこり笑顔になれるような
愛らしさや美しさをまとったお菓子をご覧ください。

お客様へ ご挨拶を

仕事先やお世話になっている方へ、かしこまって挨拶をするとき、存在感ある箱入り菓子が、頼もしく寄り添ってくれるでしょう。

31.

〈POMOLOGY〉の ファッショナブルなクッキー缶

東京都

果物をいかしたお菓子を提案する〈POMOLOGY〉の「クッキーボックス」は、北海道バターを用いたクッキーに、果物の食感や甘酸っぱさなどを効かせた上質な味わい。上から／クッキーボックス［フィグ 32枚入り］1728円、［ベリーズ 43枚入り］1728円、［レモン 39枚入り］1620円／POMOLOGY 伊勢丹新宿店

32.

〈白樺〉の白いダイヤ入り たらふくもなか

東京都

横たわっている姿がちょっぴりぐうたらな、招き猫の形の「たらふくもなか」。東京・錦糸町の和菓子店〈白樺〉の看板商品となっており、まさに福を招くお菓子。愛おしさを感じるふっくらボディには、「白いダイヤ」と呼ばれる希少な白小豆の粒あんがたっぷり。たらふくもなか[6個入り]1350円／御菓子司 白樺

33.

錦糸町の昔話が舞台
〈山田家〉の人形焼

東京都

錦糸町駅近くの〈山田家〉の人形焼は、その界隈に伝わる昔話「本所七不思議」に出てくるたぬきがモチーフ。包装紙にも漫画家・宮尾しげをによる昔話が描かれています。奥久慈卵を使ったしっとり生地に、滑らかな甘さ控えめのあん入りで手が止まりません。人形焼［15個入り］2151円／人形焼山田家

34.

〈フォンテーヌブロー〉の
名クッキー・リンツァーアウゲン

兵庫県

神戸で開店し35年来おいしさを追求してきたという洋菓子店〈フォンテーヌブロー〉の「リンツァーアウゲン」。そのおいしさから神戸旅行の際にわざわざお店まで立ち寄る人も。お花の中央にチョコレートと、アプリコットゼリーをトッピング。リンツァーアウゲン［中］2600円／ケーキハウス フォンテーヌブロー

(上) **35.**

〈マモン・エ・フィーユ〉の希少なフレンチビスキュイ

兵庫県

上質の発酵バター、小麦粉、卵、砂糖だけのミニマムな材料で、1枚1枚手作業で焼き上げる、神戸の菓子店〈マモン・エ・フィーユ〉のビスキュイ。究極にシンプルなだけに、サクッとした歯触りやバターの香りのすばらしさを感じられます。フレンチビスキュイ［約45枚］2700円／マモン・エ・フィーユ

(下) **36.**

〈TOKYOチューリップローズ〉の花束のようなラングドシャ

東京都

バラの花を模したホイップショコラを、チューリップの花びらのラングドシャで包んだ「チューリップローズ」。箱の中で可憐に咲く色とりどりの花々は、視覚から気持ちを伝えてくれそう。個包装で大人数の職場への贈り物にも。チューリップローズ［9個入り］1701円／TOKYOチューリップローズ 西武池袋店

先輩へ感謝を込めて

仕事や人生の先輩へ、日頃の感謝を伝えるときには、老舗の味や、華やかさと品格を併せ持つ、和洋のお菓子がぴったりです。

37.

鳥居敬一の刀絵染が粋。〈さかぐち〉の京にしき

東京都

蓋を開けたときの驚きも味わいのうち。あられ・かきもち専門店〈さかぐち〉の「京にしき」は、海苔や醤油の香ばしさ、パリッとした食感に、日本の食材のすばらしさを感じられるあられ。粋なパッケージは、刀絵染作家・鳥居敬一によるもの。店舗の内装も手がけたそう。京にしき缶［300g］ 4500円／さかぐち

38.

フレンチの技術が凝縮〈東京會舘〉のプティフール

東京都

大正11年創業、レストラン・バンケット・ウエディング施設を有する〈東京會舘〉の銘菓「プティフール」。伝統的なフランス料理の技術が凝縮されたパイナップル入りのパウンドケーキと、クリームをサンドしたソフトクッキーの詰め合わせは、どこか懐かしさのある清楚なたたずまい。プティフール M［2種20個入り］3456円／東京會舘 スイーツ&ギフト

39.

お酒のおともに〈アトリエうかい〉のフールセック・サレ缶

東京都

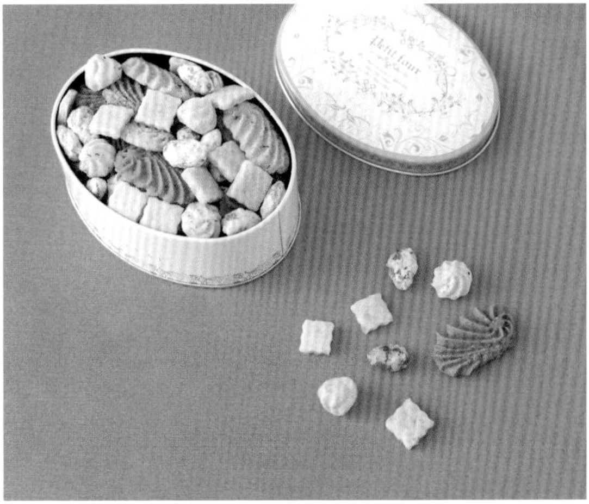

東京、神奈川でレストランを展開する「うかい」グループの洋菓子店〈アトリエうかい〉の「フールセック・サレ缶」。生地にトマトやオニオンなどの野菜が練り込まれ、何種類ものスパイスやハーブを使用した塩気のあるおやつは、甘党ではない人や、お酒を嗜む人にも喜ばれます。フールセック・サレ缶［125g］2500円／アトリエうかい エキュート品川

40.

〈ショコラトリー ヒサシ〉の 和を感じるMonaショコラ

京都府

京都の歴史と新たな風が交差する街・東山にある〈ショコラトリーヒサシ〉は、〈クラブハリエ〉で修業を重ねたショコラティエ・小野林範《ヒサシ》氏によるチョコレート菓子店。パリッとした最中種でショコラとヘーゼルナッツクリームを挟んだお菓子は、まさに故きを温ね新しきを知る組み合わせ。Monaショコラ［5個入り］2251円／ショコラトリー ヒサシ

41.

〈アップルアンドローゼス〉の 長野産りんごのタルト

長野県

長野県安曇野市にある〈アップルアンドローゼス〉のタルトはコンポートした長野産りんごのスライスがバラのように幾重にも重ねられ、エレガント。生地には安曇野の平飼い卵を使用し、中には紅玉りんごのピュレ、カスタードクリームも入って、サクサクかつジューシー。アップルアンドローゼスタルトS［3個入り ※現在は1個入り（3024円）のみ］／アップルアンドローゼス

（下） **43.**

〈亀広良〉の涼やかな琥珀糖・華氷

愛知県

昭和29年創業の和菓子店〈亀広良〉。どこか昔懐かしいガラス玩具のような美しい「華氷」は、岐阜県・山岡産の糸寒天と、精製度が高く雑味が少ない氷砂糖だけで炊き上げられたお菓子。口の中でシャリッとぷるんが同時に訪れる食感に夢中になる人も多いとか。登録商標「亀広良 華氷」［32粒入り］1620円／京菓子司 亀広良

（上） **42.**

京都御所そばに本店がある〈UCHU wagashi〉のフルーツの羊羹

京都府

カラフルな断面がテキスタイルのような、すっきりと甘さ控えめのフルーツの羊羹。香料を使わず、素材をいかした甘夏、桃、ぶどうのフルーツ羹を、白あんに合わせたもの。100年後も続く“今”の和菓子をと、手仕事を大切に丁寧につくられています。フルーツの羊羹［長さ15cm］1730円／UCHU wagashi寺町本店

友人への手みやげ

親しく付き合う気のおけない友人には、心のときめきを共有できる、とびきり愛らしいお菓子を手渡し、ともに楽しいティータイムを。

44.

〈コロンバン〉の伝統的なバタークリームケーキ

東京都

甘党にとって魅惑的な、昔ながらのバタークリームのお菓子。大正13年創業のフランス菓子店〈コロンバン〉のバタークリームは、創業者がフランスのパティスリーで学び、代々受け継がれてきたもの。小さなバラや蔦の装飾がレトロでかわいい。バタークリームロール［長さ約12cm］1296円／コロンバン新宿小田急本館店

45.

〈オーボンヴュータン〉の限定綿あめ・バルブアパパ

東京都

フランス伝統菓子界で名高い河田勝彦シェフが手がけるフランス菓子店〈オーボンヴュータン〉。フランス語で綿あめを指す本店限定「バルブアパパ」はいちご・レモン・ミント味の楽しい3色。各1日1本の販売で、事前予約（前日まで）をすると3種合わせて10本まで購入可能。バルブアパパ各540円／オーボンヴュータン尾山台店

46.

〈グマイナー〉の
ドイツの焼き菓子・テーゲベック

東京都

ドイツの老舗洋菓子店〈グマイナー〉の「テーゲベック」は、ドイツ語でTee＝お茶、Gebäck＝焼き菓子を意味する通り、ティータイムを彩る10種のクッキーが詰め合わせに。三日月型のヴァニレキプフェルやプレッツェルンなどドイツ菓子を知れる1箱。テーゲベック［10種25個入り］1944円／グマイナー 髙島屋日本橋店

47.

〈ドルチェマリリッサ〉の通販可能なカプリシリーズ

東京都

デコレーションをオーダーできるケーキ店〈ドルチェマリリッサ〉。軽やかなクリームとスポンジ、一人で食べ切れるサイズで大人気の「カプリ」は、冷凍での通販も行っています。デコレーションケーキ カプリ［各直径8～9 cm］（手前／ローズデコ）1058円、（奥／デイジー）918円 ※中央のケーキは発売停止／ドルチェマリリッサ 表参道

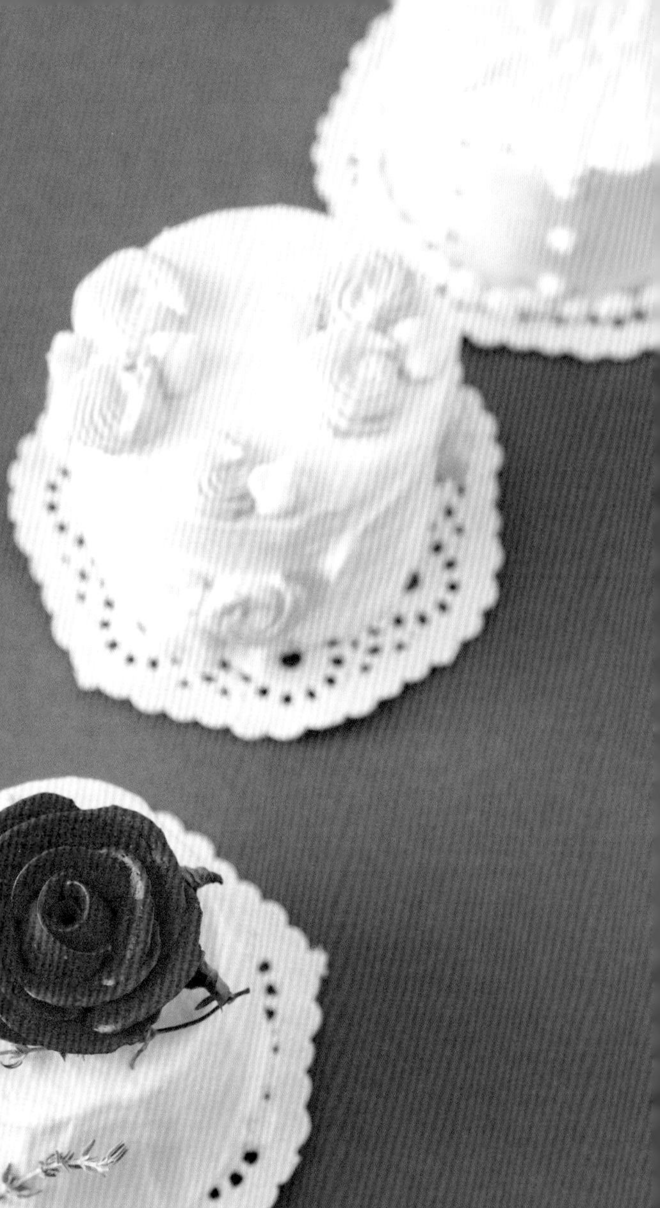

家族へのお祝い

家族みんなで集まって、お祝いの席をすごすときには、縁起物のお菓子を準備して、温かで和やかなおやつの時間を。

（上）**48.**

発酵素材で色彩豊かに〈五穀屋〉の五季《いつき》

静岡県

透明感ある美しい5色の玉羊羹は、日本の5つの季節（春夏秋冬、土用）を発酵の「さしすせそ」で表現。透明は日本酒、緑は抹茶塩糀、赤はりんご酢、薄黄は白味噌、茶色は醤油糀。羊羹は1つ1つ風船で包まれており、楊枝でプチンと破いて食べる楽しさで、自然と会話が弾みます。五季［5個入り］各1620円／五穀屋

（下）**49.**

〈ELEPHANT RING〉の赤ちゃん肌のバウムクーヘン

兵庫県

シンプルな原材料かつ無添加で、家族が安心して食べられる〈ELEPHANT RING〉のバウムクーヘンはきめ細かな生地で優しい味わい。職人による手焼きのため製造は1時間に1本のみ。“ご縁をつなぐ”という意味を込めた円型の箱は格調高いデザイン。バウムクーヘン［直径13cm］2160円／ELEPHANT RING

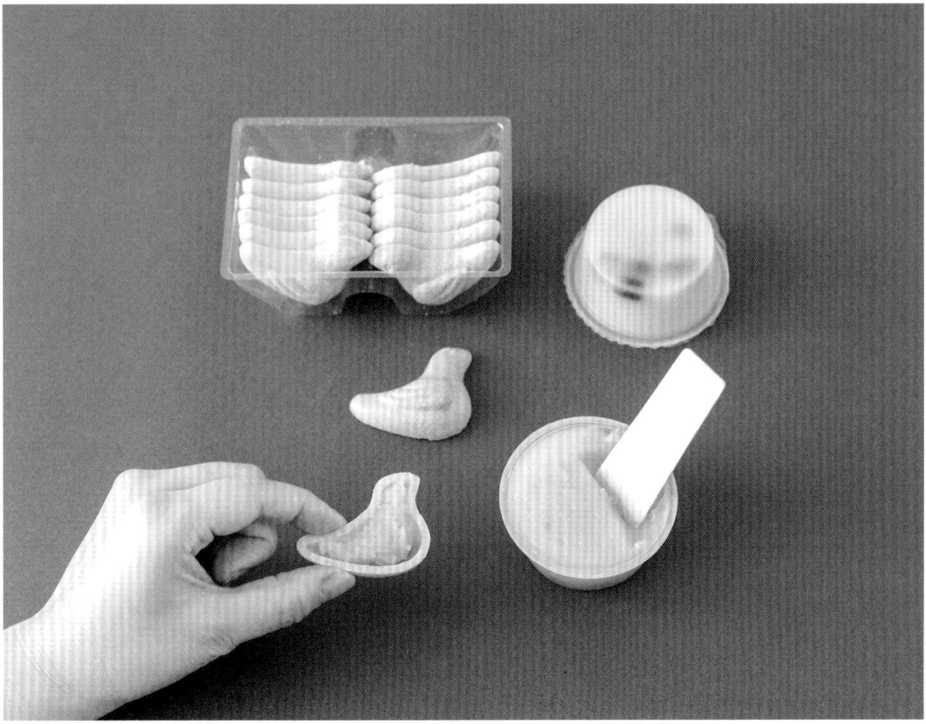

50.

善光寺の平和の象徴
〈九九や旬粋〉の門前 鳩合せ 最中

長野県

長野県は善光寺の山門正面にある〈九九や旬粋〉。善光寺門前で戯れる平和と幸せの象徴・鳩になぞらえた一口サイズの最中は、縁起物として愛されています。甘さ控えめの白あんを、最中種に自分で入れて食べるので、最中種がパリパリと香ばしい状態で楽しめます。門前鳩合せ 最中[7組入り] 1296円／九九や旬粋

51.

富士山の四季
〈和菓子 結〉のあまのはら

東京都

春夏秋冬で変化する富士山を一棹《さお》の中で表現した羊羹「あまのはら」は、お祝いごとに。富士山は「煉羊羹」、空はつるんとした「錦玉羹」、雲は「道明寺」とさまざまな食感を味わえるのはもちろん、表現の豊かさ、美しさから、家族の話題になるでしょう。あまのはら［長さ22.5cm］4104円／和菓子 結 NEWoMan新宿店

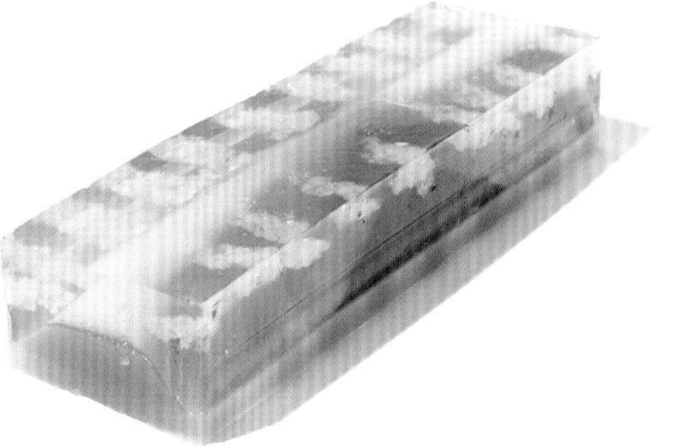

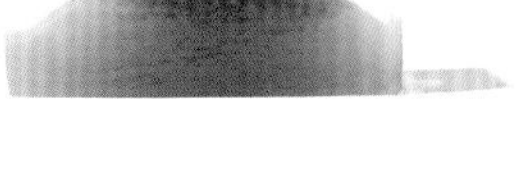

さり気ない贈り物

なんでもない普段の日でも、1000円ほどのちょっとしたおやつならば、自分も相手もさり気なく気兼ねなく、贈り物を楽しめます。

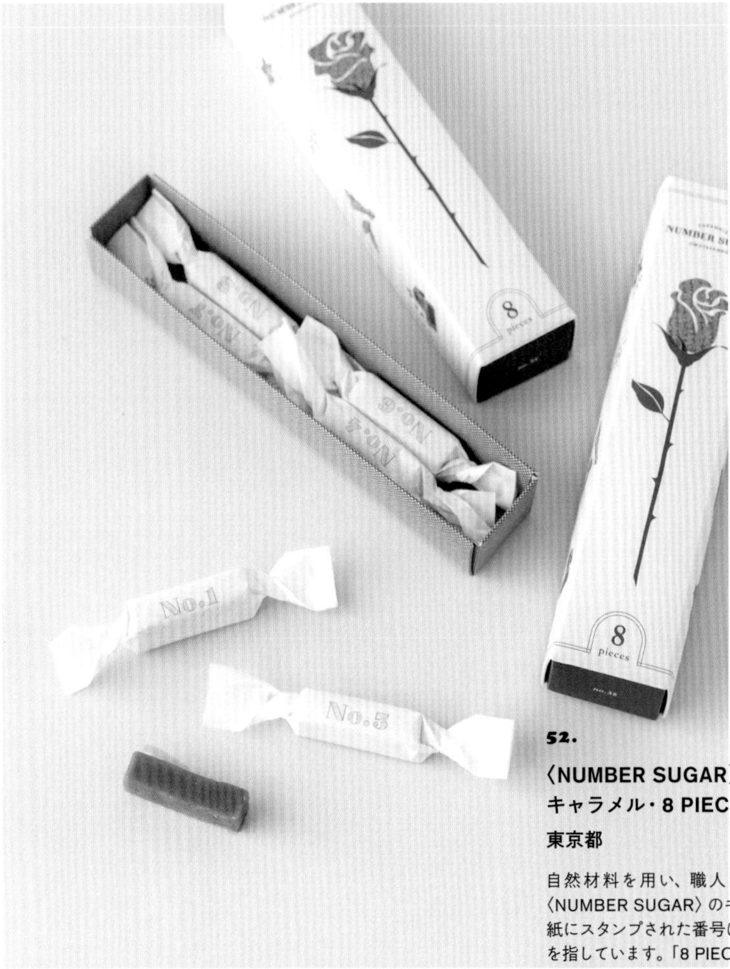

52.

〈NUMBER SUGAR〉の キャラメル・8 PIECES BOX

東京都

自然材料を用い、職人が手づくりしている〈NUMBER SUGAR〉のキャラメル。白い包み紙にスタンプされた番号はレシピができた順番を指しています。「8 PIECES BOX」は、現在全12種類の味を販売する中の、創業当初からあるNo.1〜8が入ったもの。8 PIECES BOX［8個入り］918円／NUMBER SUGAR表参道店

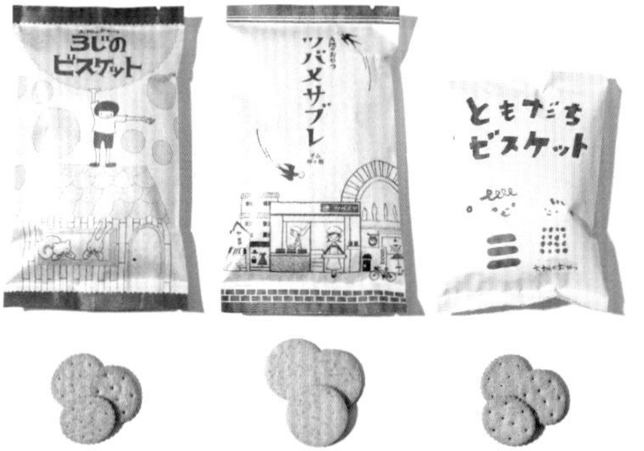

53.

〈山本佐太郎商店〉の 安心食材でつくる大地のおやつ

岐阜県

和菓子職人・まっちんと老舗油問屋〈山本佐太郎商店〉が“毎日安心して食べられるものを”と始めた「大地のおやつ」シリーズ。米油や、こだわりの小麦粉、砂糖を用いた素朴なおいしさ。大地のおやつ　左から／3じのビスケット［140g］421円、ツバメサブレ［110 g］421円、ともだちビスケット［70g］216円／山本佐太郎商店

54.

〈たかはたファーム〉の カラフルなフルーツゼリー

山形県

果実をたっぷり使ったゼリーは、フレッシュな甘味が広がります。左上から時計回りに／パーティーデザートさくらんぼゼリー［330g］594円、ミックスゼリー　ホワイトリボン［125g］378円、ミックスゼリー パールフラワー［125g］378円、パーティーデザート泣いた赤おに［330g］ 594円／たかはたファーム

55.

〈ノーイン〉の3種で1枚の絵になる 猫《ね》珈《こ》ホワイトチョコレート

岡山県

岡山でカフェインレスコーヒーを製造販売している〈ノーイン〉が手がけるホワイトチョコレート。フレーバーに岡山産の黒豆や赤米を用いたり、カフェインレスであったり、ヘルシー。猫珈ホワイトチョコレート［左から／黒豆粗挽きな粉、赤米玄米クランチ、カフェインレスコーヒー　各60g］各429円／ノーイン

56.

〈あられの匠 白木〉の ドライフルーツ入り 吹きよせ菓憐

愛知県

何種類かの干菓子を集めたものを指す「吹き寄せ」は伝統的な和菓子。あられ専門店〈白木〉の吹き寄せは、四国産の青のり、和歌山県産の山椒など日本の食材にこだわったあられに、ドライフルーツやコーヒー豆などの意外な食材も織り交ぜられています。吹きよせ菓憐 中箱［85g×2袋入り］1728円／あられの匠 白木

57.

〈kono.mi《このみ》〉のナッツのお菓子 プラリネプティサック

鹿児島県

フランス菓子・プラリネの専門店〈kono.mi〉。小ロット生産でナッツを丁寧に焙煎し、鹿児島の黒砂糖を使ってキャラメリゼした贅沢なミニポーションを、プティサック（小さなカバン）のパッケージで手渡して。写真のショコラ味は、冬季限定。プラリネプティサック［ショコラ22g］486円／大阪屋製菓

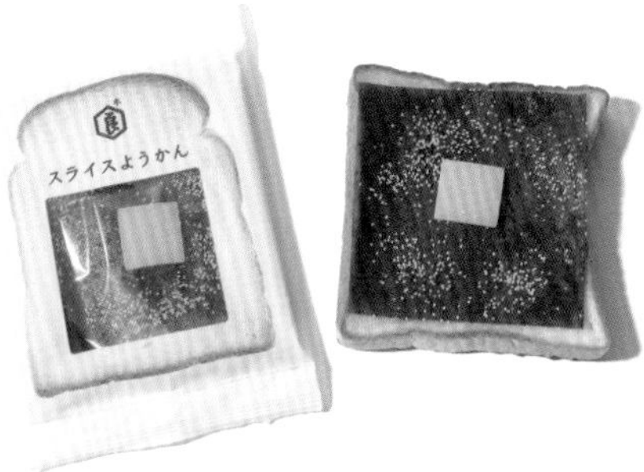

59.

話のタネになる〈亀屋良長〉の スライスようかん

京都府

スライスチーズのようにカットされた羊羹をそのままパンにのせてトーストするだけで、食べ応えのあるおやつ・あんバタートーストができあがり。京都の老舗和菓子屋〈亀屋良長〉が手がけるだけあり、丹波大納言小豆を使った羊羹は、上品な甘さ。厚さ2.5mmでパンとなじみがいい。スライスようかん［2枚入り］540円／亀屋良長

58.

〈トラヤあんスタンド〉の 個包装されたヨウカンアラカルト

東京都

あんを気軽に楽しめるようにと、和菓子店〈とらや〉からうまれた〈トラヤあんスタンド〉。ひとくちサイズの羊羹は時期により変わるフレーバーを楽しめます。ヨウカンアラカルト［チョコシナモン・抹茶・キャラメル ※この3種は2020年に販売　各2個、計6個入り］897円／トラヤあんスタンド北青山店

60.

〈ルコント〉の箱入りビスキュイ デコレ

東京都

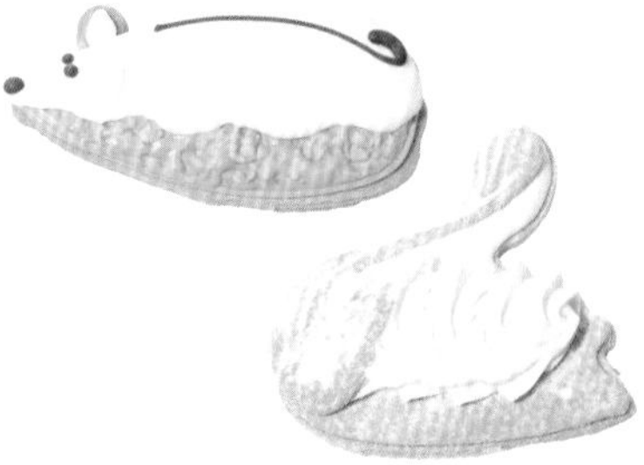

フランス菓子店〈ルコント〉で人気のシュークリーム、子ねずみ型の「スウリー」と白鳥型の「スワン」をモチーフにしたアイシングクッキー。1つ1つ、淡いパステルカラーの小箱に入っていて、小窓から愛らしい姿がのぞいています。ビスキュイ デコレ［左／スウリー、右／スワン］各735円／ルコント 広尾本店 ※2021年秋移転予定

61.

〈資生堂パーラー〉の銀座本店ショップ限定・金平糖

東京都

老舗レストラン・カフェ〈資生堂パーラー 銀座本店〉のおみやげは、店舗1階「銀座本店ショップ」限定の金平糖を。グラフィックデザイナー・仲條正義による缶も目を引くかわいさ。金平糖 ホワイト（男の子）・金平糖　ピンク（女の子）・金平糖 ミックス（子猫）［店舗限定・各55g］各648円／資生堂パーラー 銀座本店ショップ

Column.

〈メリーチョコレート〉のバレンタイン史

Mary's

1958　1960　1970　1972　1978

1958　日本初のバレンタインセールを開催

◎1958年の代表的な出来事
・東京タワー完工式
・特急「こだま」が運転を開始
・ロカビリー、フラフープが流行

昭和33年、伊勢丹新宿店で初のバレンタインセールを開催。売れたのはわずか3枚でした。翌年〝女性から男性に愛の告白を〟のコピーでハート型のチョコを販売したところ、見事成功。

- 1958 -

- 1959 -

1972　ホロスコープ（星占い）チョコが登場

◎1972年の代表的な出来事
・第11回冬季オリンピックが札幌で開幕
・漫画「ベルサイユのばら」（集英社）が人気

- 1972 -

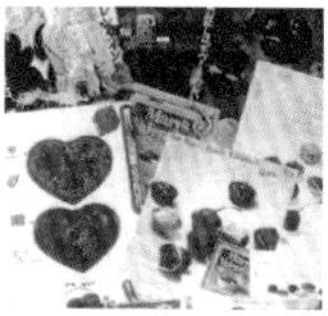

パッケージに山羊座から射手座まで12の星座がデザインされ、各星座の愛のカードが添えられました。若い女性の心をゆさぶるコンセプトの商品が多く、少女漫画タッチのポスターも製作。

1978　ポラロイド社とコラボレーション

◎1978年の代表的な出来事
・新東京国際空港（現・成田国際空港）が開港
・ピンク・レディーの「UFO」がヒット

昭和53年、ポラロイド社とタイアップした〝愛のメモリーキャンペーン〟が話題に。店頭で、ポラロイドカメラで顔写真などを撮影し、チョコレートに添えて贈るというものでした。

- 1978 -

バレンタイン文化が根付く日本では、ファーストギフトがチョコレートだった人も多いはず。私自身、人生でもっとも思い出深い贈り物が、中学時代に初めて自分で選んだバレンタインチョコレート。そのブランドが〈メリーチョコレート〉でした。

メリーチョコレートが渋谷の工場でチョコレート製造を始めたのは、戦後間もない1950年。当初から原料や製法に徹底してこだわり、日本のチョコレートの礎を築きました。1958年に伊勢丹新宿店で日本初のバレンタインセールを開催するも、売り上げは170円だったそう。

今や性別や愛の告白という定義を超えて、バレンタインは人にも自分にもチョコレートギフトを楽しむ時代。甘党の私は「毎日がバレンタインだったらいいのに」と思うのです。

2021 2020 1990 1988 1983 1980

1983
レコード盤や若葉マークで想いを表現

◎1983年の代表的な出来事
・東京ディズニーランド開園
・「ファミリーコンピュータ」（任天堂）が発売

- 1983 -

言葉に言い尽くせないさまざまな想いを託して贈ろうというテーマでアイディア商品が誕生。写真の「愛の45回転・レコード型チョコ」や、若葉マークが入った「恋の初心者」チョコなどを販売。

1988
「お好きなものを少しずつ」がテーマ

◎1988年の代表的な出来事
・青函トンネル、瀬戸大橋が開通
・海外ブランド「ティファニー」現象が起こる

電化製品などが小型化する、軽薄短小の時代に対応してうまれたのが「チョコレート百撰」。さまざまな種類を少しずつセットにした商品は人気を博し、売り場がにぎわいました。

- 1988 -

2020 / 2021
友チョコ需要増加 東京駅直結の店舗でセミオーダー

◎2020～2021年の代表的な出来事
・新型コロナウイルス感染症の世界的流行。日本政府により緊急事態宣言発令

- 2021 -

- 2020 -

令和時代に突入し友人に贈る「友チョコ」の需要が増大。またアンティーク調（写真上）や、昭和レトロなデザイン（写真右）が人気に。新ブランド〈ルル メリー〉からは、直営店「メリーズ カフェ」だけで種類やトッピングをセミオーダーできるチョコ（写真中央）が登場し話題でしたが、コロナ禍で惜しまれる中閉店に。〈ルル メリー〉現行商品はP68で紹介。

- 2021 -

街とおやつ ❷

東京都

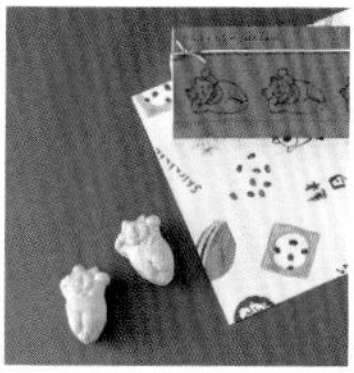

〈白樺〉という屋号には、創業者が幼い頃に過ごした北海道の、雪の中にすっくと立つ白樺の樹の風景が投影されているそうです。私は「たらふくもなか」を味わうとき、錦糸町から見えるスカイツリーを思い出します。お菓子には、街の記憶も潜んでいるのですね。

P.27

3

地方の旅みやげ

お菓子好きで旅好きの私には、
「このお菓子を買うために、わざわざでもこの街に行ってみたい」
と憧れる、未訪の土地がいくつもあります。
それから、おみやげにいただいたお菓子をきっかけに
その土地を知り、いつか訪れてみたいと思いを募らせることも。
そんな、旅情をそそられるお菓子とともに、
思い立ったら気軽に立ち寄れる駅周辺の店やお菓子をご紹介。
土地の記憶までもが詰まったような、お菓子やパッケージの
どこか懐かしくて愛らしいデザインもお楽しみください。

わざわざ寄りたい 地方の店

都市部の主要駅近辺や、便利な場所に店がなくとも、わざわざ足をのばして買い物をしたくなる、魅力的なお菓子たちを集めました。

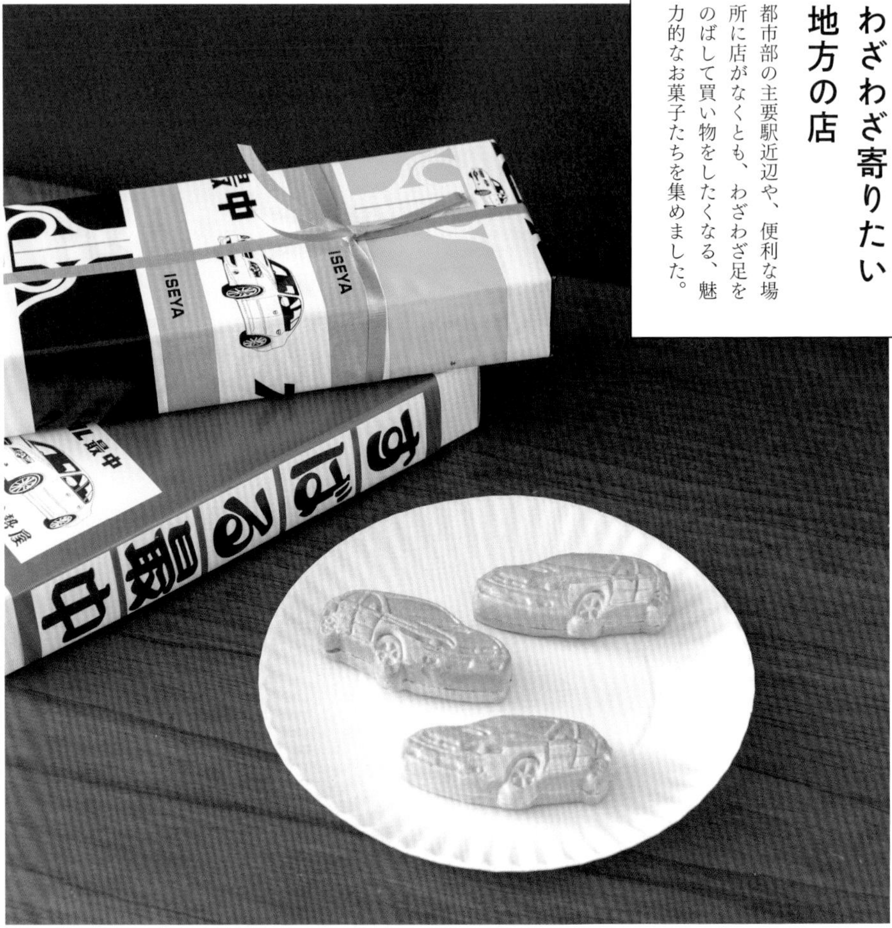

最寄り・太田駅

伊勢屋　東武伊勢崎線・太田駅から徒歩数分のところにある、昭和9年創業の和菓子店。通販は店舗へ電話で問い合わせをした後、FAXやメールにて受け付け可能。群馬県太田市東本町24-23　☎0276-22-2858　時 9時〜18時半　休水（月1回連休あり）

62.

スバリストは必ず訪れたいお店 〈伊勢屋〉のスバル最中

群馬県

自動車メーカー〈SUBARU〉の工場（SUBARU群馬製作所）の真向かいにある〈伊勢屋〉。昭和36年にSUBARUの前身・富士重工業から記念品を依頼されたのが製作のきっかけで、この最中は、「SUBARU レガシィB 4」を忠実に再現。リーフレットも入っており、お店やお菓子の説明ではなく、スバルの名車の数々が掲載されています。包装紙にもレガシィB4がデザインされており車好きにはたまらない。スバル最中［10個入り］1450円／伊勢屋

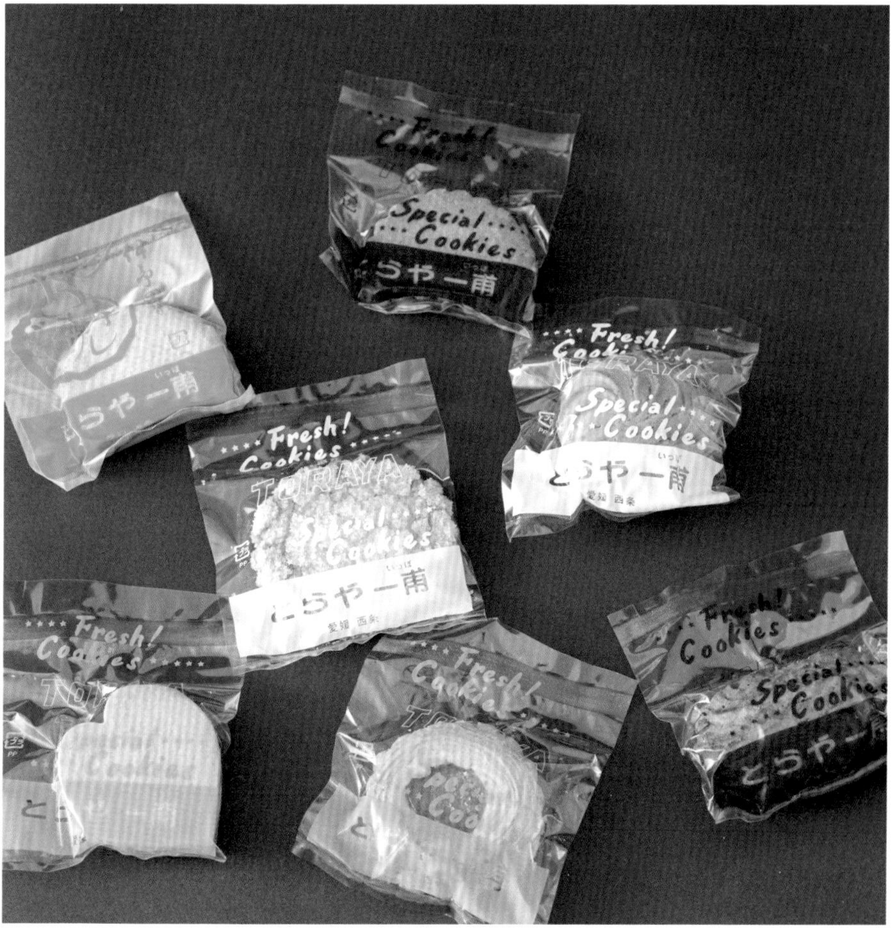

63.

地元に愛されてきた〈とらや一甫〉のとらやのクッキー

愛媛県

美しい山、川、海に囲まれた愛媛県西条市の銘菓「とらやのクッキー」は、軽やかな食感のココア味や、ザクザクとしたバター味、柚子風味など、種類が豊富。製造・販売は、創業約80年の洋菓子店〈とらや一甫〉で、伊予西条駅駅前に本店、いよ西条ICから近いところに、製造所を併設している「玉津店」の2店舗がある。卸売りはせず地域密着を大事にしているそう。とらやのクッキー各110円／とらや一甫 本店

最寄り・伊予西条駅

とらや一甫 本店　駅前に本店（写真左）、同じ西条市内に玉津店（写真右）がある。玉津店では季節のイベントも。玉津店のショップデータは、巻末のさくいんに掲載。玉津店のみ通販可。愛媛県西条市大町856-13　☎0897-55-3555　時8時半〜19時半　休第2第4水

64.

新名所〈ONOMICHI U2〉で販売 ピールキャンディとチョコレート

広島県

ホテルやカフェ、ライフスタイルショップなどを擁する〈ONOMICHI U2〉は、古い海運倉庫を改装した趣ある建造物で尾道の新名所に。写真はどちらも〈尾道さつき作業所〉がつくる、地産の柑橘をいかしたお菓子で、すっきり爽やか。チョコレートはカカオ豆から一貫製造（ビーントゥバー）しています。「SATSUKI」のピールキャンディ［各28g］各777円、バークチョコレート［各80g］各1026円／ONOMICHI U2

最寄り・尾道駅

ONOMICHI U2（SHIMA SHOP） JR尾道駅から徒歩5分、ホテルやカフェ、ライフスタイルショップなどを擁する複合施設。地元企業や地元食材を使った商品を多数販売。広島県尾道市西御所町5-11　☎0848-21-0550　時10時〜19時　休無休　onomichi-u2.com

65.

高村智恵子の出生地・二本松の愛され菓子ねこどら

福島県

真ん丸の目に3本ひげが愛嬌たっぷりな猫のどら焼き、その名も「ねこどら」は、年間200種ものお菓子を販売する〈まつもと〉で発売から10年以上かけて看板になった商品。ふわふわの生地にサンドされているのは、クリーム、チョコレート、チーズとあんの3種で、ちょっぴり洋風のため、お茶はもちろん、コーヒーや紅茶を合わせてもおいしい。毎月30日の割引デーを狙って訪れて。ねこどら各180円／菓子処まつもと

最寄り・二本松駅

菓子処まつもと　店舗のある二本松市は、『智恵子抄』で知られる洋画家・高村智恵子の出生地で、記念館や「智恵子の杜公園」など縁の地や、岳温泉や安達太良山などの名所がある。福島県二本松市亀谷2-220　☎0243-22-0935　時8時～19時　休水・元日

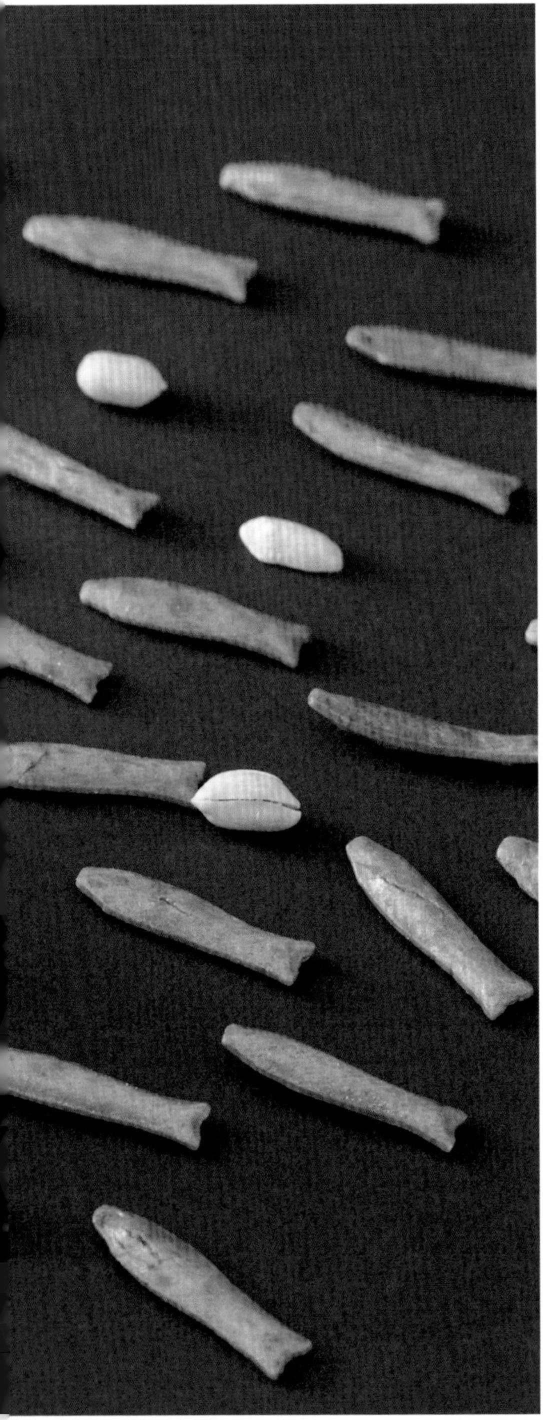

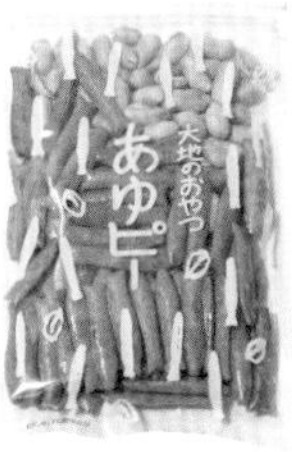

66.

老舗油問屋〈山本佐太郎商店〉の 長良川の鮎を模した、あゆピー

岐阜県

老舗油問屋〈山本佐太郎商店〉と和菓子職人・まっちんによる「大地のおやつ」シリーズから、柿ピーならぬ「あゆピー」が登場。あられは、国産もち米100%の生地を鮎の形に抜き焼き上げています。味付けは丸大豆たまり醤油と粗糖のみ。風味豊かな有機ピーナッツとの相性抜群です。〈山本佐太郎商店〉は「大地のおやつ」の直売店でもあり、シリーズ全種類が手に入ります。
あゆピー［100g］395円／山本佐太郎商店

最寄り・名鉄岐阜駅

山本佐太郎商店　油問屋の倉庫を改装し、一部を店舗に。設計は庵原義隆氏（YYarchitects）。付近の伊奈波神社や柳ヶ瀬商店街にも足を運びたい。岐阜県岐阜市松屋町17　☎058-262-0432　時9時〜17時
休第2第4土、日・祝　www.m-karintou.com

67.

鳥取でパンをつくって118年 工場直売〈亀井堂〉のラスク

鳥取県

卸売りや給食などのパン、サンドイッチを製造する会社〈亀井堂〉。本社工場に隣接する直営店は2021年3月に新築リニューアルし〈亀井堂1903〉と創業年の1903年を店名に追加。直営店だけで購入できるノンフライのラスクは、長年レシピと製造工程を変えずつくり続けてきただけあり、どこか懐かしい素朴な甘さ。即完売するほどの人気商品なので訪店の予定を組む際はご注意を。亀井堂のラスク［約200g］250円／亀井堂1903

最寄り・鳥取駅

亀井堂1903　本社工場の駐車場向かいにある直営店舗は毎日30種以上のパンを販売。人気商品「サンドイッチ」（写真右上）のパッケージを取り入れた黄色の看板を目印に訪ねて。鳥取県鳥取市徳尾122
☎0857-22-2100　時10時～14時　休土・祝　www.kameido-inc.com

68.

店舗ではパフェも食べられる〈ハラペコラボ〉のこうぶつヲカシ

福岡県

“Art な Food であそぶ” をコンセプトに福岡で活動するクリエイター集団・ハラペコラボの代表作が「こうぶつヲカシ」。昔ながらの琥珀糖を鉱物さながらに表現したもので、繊細な色彩の素材は、黒ゴマペーストや、シャンパン、果汁など。オンラインではセットで販売していますが、カフェ併設の店舗では1粒から購入可能。下／6月限定青のカケラ、上／こうぶつのカケラ各3240円／ハラペコラボミュージアムショップ＆カフェ

最寄り・高宮駅

ハラペコラボミュージアムショップ＆カフェ　併設のカフェでは、「こうぶつヲカシ」をのせたパフェなどのオリジナルメニューを堪能できます。福岡県福岡市南区大池1-26-7義道ハイム1F　☎092-710-1136　時11時半～16時　休土・日・祝　harapecolab.com

思い立ったら立ち寄れる、駅近くの店

ゆっくり街を巡り歩く余裕がないときでも、駅ビル・駅近くの店などで購入できる、その土地ならではのおやつを集めました。

※掲載商品のお問い合わせ先として、吹き出し内の駅の近くにある店舗、および、本店のデータを巻末のさくいんに掲載。

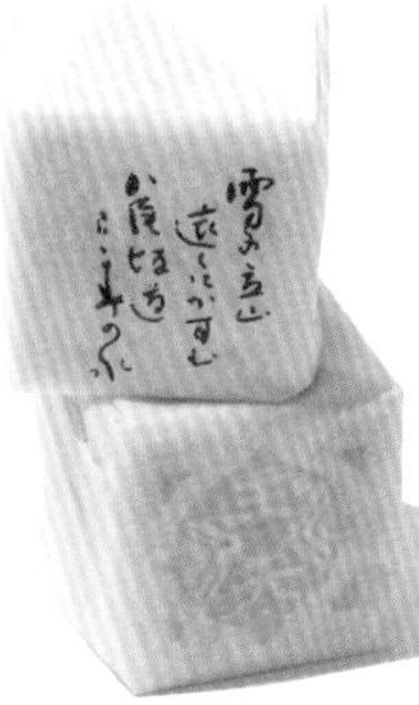

69

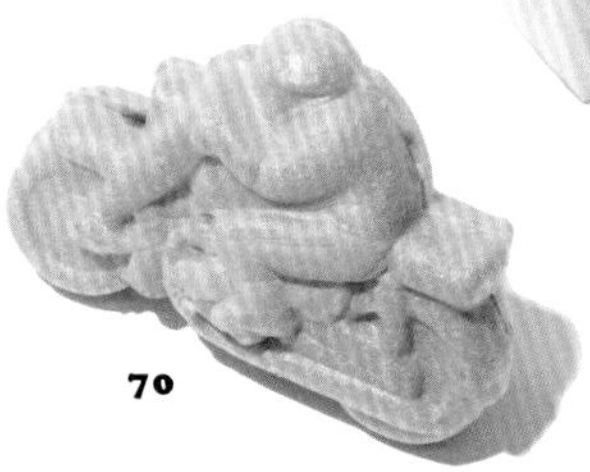

70

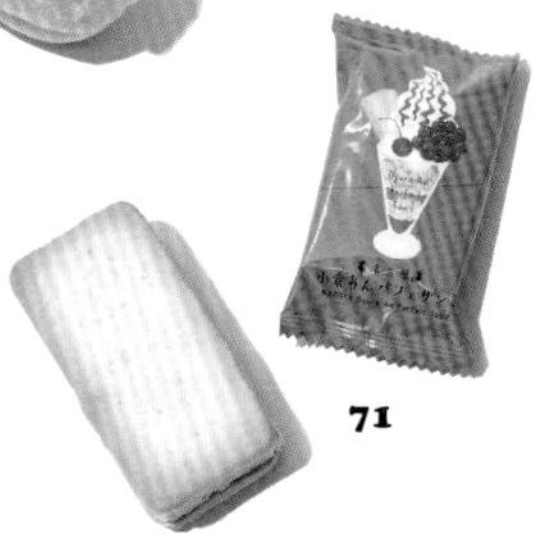

71

駅近の店・名古屋駅構内

71.

名駅で買える 小倉あんパフェサンド

愛知県

名古屋と言えば、喫茶店メニューの小倉あんを合わせたトーストやパフェ。「小倉あんパフェサンド」は、名前の通り小倉パフェをイメージし、小倉クリームをバタークッキーでサンド。キャッチーなイラストの個包装は、大人数のお配りに。

小倉あんパフェサンド［6個入り］756円／グランドキヨスク名古屋（製造元・東海寿）

駅近の店・白子駅直結

70.

鈴鹿発〈とらや勝月〉の ライダーもなか

三重県

鈴鹿サーキットのターミナル駅として利用される近鉄白子駅で、オートバイレースをイメージした〈とらや勝月〉の最中を発見。もち米の皮に粒あんがぎっしり。本店は鈴鹿サーキットから徒歩約20分のところにあります。鈴鹿の駿風ライダーもなか［6個入り］830円／ファミリーマート近鉄白子駅改札外橋上店

駅近の店・富山駅構内

69.

〈林昌堂〉が伝承する くろみつ玉天

富山県

ふわふわ、ぷるん、ほんのり甘い。「くろみつ玉天」は、卵白と2種類の寒天、黒糖などの砂糖からできている明治生まれのお菓子。個包装の柄は日本を代表する版画家・棟方志功、箱のデザインは和紙工芸家の吉田桂介が手がけています。

くろみつ玉天［10個入り］1300円／菓子司 林昌堂 きときと市場とやマルシェ店

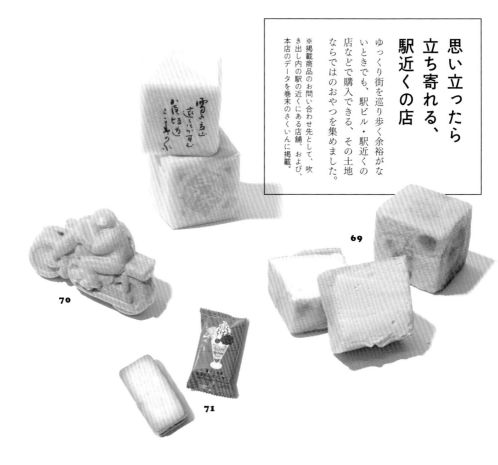

72

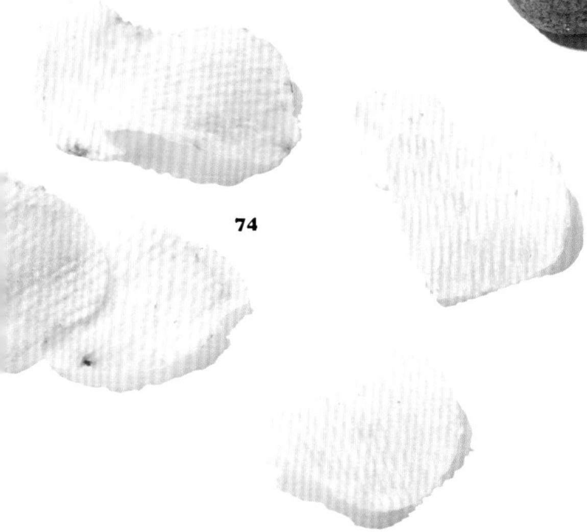

74

73

駅近の店・帯広駅徒歩5分

74.

坂本直行が描いた野草柄〈六花亭〉のポテトチップス

北海道

バターサンドが有名な北海道の和洋菓子店〈六花亭〉。六花亭社員も手みやげにしているというポテトチップスは、じゃがいも、塩、米油だけのシンプルさで幅広い層に人気です。ギザギザの波型で食感も楽しい。お取り寄せ不可で、駅近くの店舗では、帯広本店、札幌本店で購入可。ポテトチップス［60g］150円／六花亭帯広本店

駅近の店・鹿児島中央駅構内

73.

〈奄美きょら海工房〉の奄美クロウサギサブレ

鹿児島県

サトウキビづくりから純黒糖に至るまで自社製造している〈奄美きょら海工房〉。天然記念物・アマミノクロウサギをモチーフにしたサブレにも自社製造の黒糖、塩、奄美の島アザミを採用し優しい味わい。鹿児島中央駅構内の店舗では黒糖・塩の量り売りも。奄美クロウサギサブレ［9枚入り］1458円／奄美きょら海工房鹿児島店

駅近の店・秋田駅直結

72.

〈三松堂〉の自家製卵パックあんドーナツ

秋田県

大正13年創業の和菓子店〈三松堂〉のあんドーナツは自家製あんがたっぷり、保存料無添加のロングセラー。卵パックのパッケージに真空パックで収められています。趣ある本店は秋田駅から徒歩約15分。秋田駅の駅ビル「トピコ&アルス」にも支店があり本商品を販売。あんドーナツ［8個入り］1350円／三松堂トピコ店

75

76

77

駅近の店・福井駅徒歩1分

77.

〈お菓子処 丸岡家〉の四角いはっくつバウム

福井県

福井県は、恐竜の化石が発掘され、大規模な博物館もある恐竜王国。子どもたちのおみやげに考案された老舗菓子店の「はっくつバウム」は、地層に恐竜の化石・フクイラプトルが埋もれているよう。和三盆を用いており、大人も止まらない優しい甘さ。オリジナルの焼き印を入れられます。はっくつバウム［長さ21cm］1100円／福福館

駅近の店・徳島駅直結

76.

剣山《つるぎさん》の花をイメージ〈あづまや製菓〉の金露梅

徳島県

徳島県の最高峰・剣山のふもとにある〈あづまや製菓〉。剣山に自生する花・金露梅が名前の由来であり、モチーフにもなった「金露梅」は自家製の黄身あんをチョコレートでコーティングしたもの。本店の最寄り駅はJR貞光駅。JR徳島駅直結の駅ビル内でも購入できます。金露梅［15個入り］648円／おみやげ一番館

駅近の店・高山駅構内

75.

〈いっぷく処 あけぼのや〉の飛騨を旅する旅がらす

岐阜県

高山駅から12分、城下町の面影を残す「古い街並み」に店を構える〈いっぷく処 あけぼのや〉。お店の代表格は、かつて飛騨高山にあった飛騨街道をさすらう旅人の立体最中で、三度笠を外せるのがユニーク。高山駅のキヨスクで販売しているのもうれしい。飛騨街道 旅がらす［6個入り］972円／ベルマートキヨスク高山

78

80

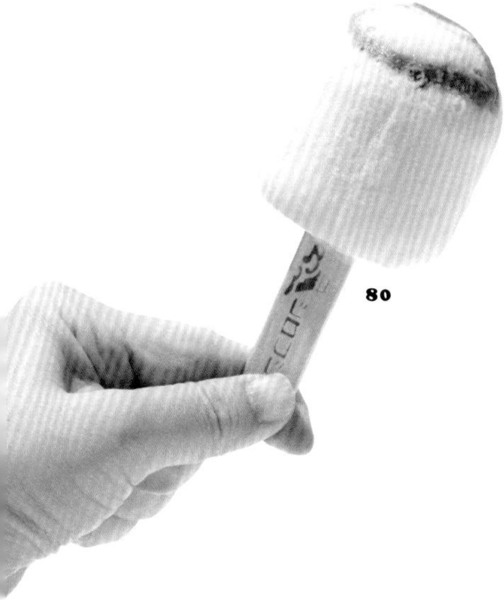

79

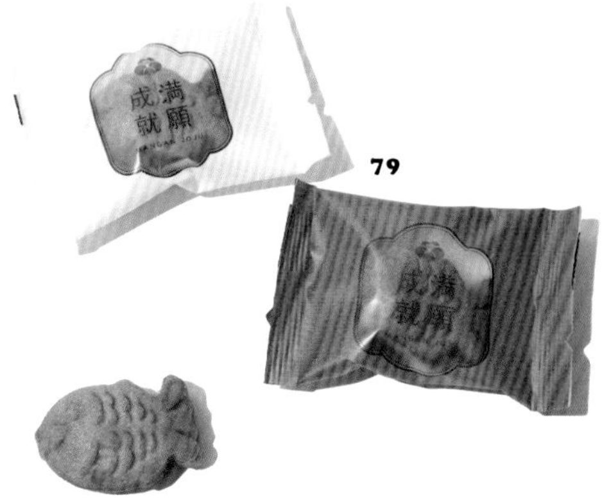

駅近の店・高崎駅構内

80.

〈シロフジ製パン所〉の桐生名物・アイスまんじゅう

群馬県

群馬県の東武鉄道新桐生駅から徒歩約10分のところにあるシロフジ製パン所は、みそパンやシベリアなどが並ぶ昔ながらのパン屋。このお店はもとより桐生名物なのが、あんこ入りの「アイスまんじゅう」。本店以外に高崎駅構内の〈群馬いろは〉でも取り扱いがあるので、待ち時間にぜひ。アイスまんじゅう248円／群馬いろは

駅近の店・大宮駅構内

79.

〈梅林堂〉のあん入りマドレーヌ・満願成就

埼玉県

元治元年（1864年）創業の〈梅林堂〉は埼玉県熊谷市に本店を構え、埼玉、群馬に支店を多数展開。全長4.5cmの“めで鯛”形をした焼き菓子は、人形焼きかと思いきや、バターとアーモンドの風味豊かなマドレーヌで、お腹には羊羹のあん入り。赤色の包装はほどよい酸味のいちご味。満願成就［12匹入り］1450円／梅林堂 エキュート大宮店

駅近の店・盛岡駅直結

78.

人気店〈福田パン〉監修のあんバターサンドクッキー

岩手県

コッペパンブームのきっかけとも言われている〈福田パン〉監修のもと、人気の「あんバターサンド」から着想を得て、あんバター風味のクリームをクッキーでサンド。盛岡駅徒歩圏内にある〈福田パン長田町本店〉を訪ねた帰りに、盛岡駅ビルで手に入れて。福田パン監修 あんバターサンドクッキー［6個入り］724円／岩手路

81

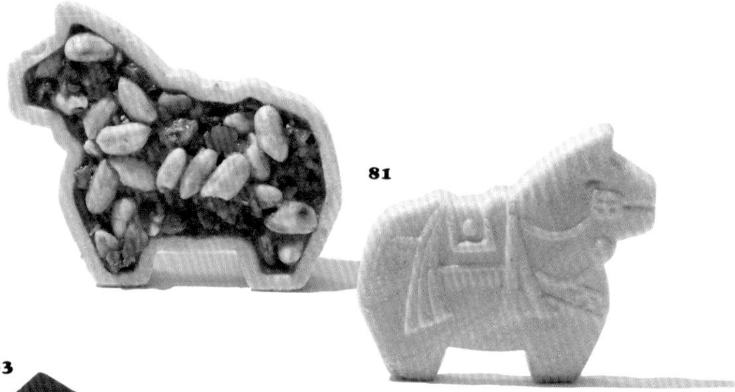

83

82

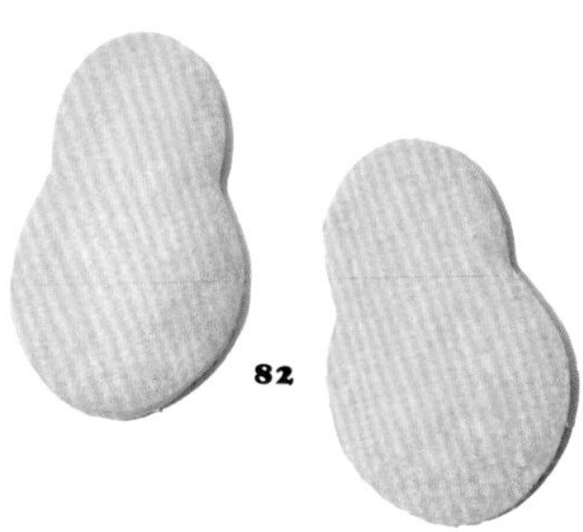

駅近の店・仙台駅直結

83.

〈松華堂菓子店〉の ミニマムで美しいカステラ

宮城県

日本三景の1つ、宮城県・松島に本店がある〈松華堂菓子店〉。厳選された素材を用いたカステラは、赤ちゃん肌のようなきめ細かさでしっとりやわらか。本店以外に直接購入できるのは、ターミナル駅である仙台駅すぐの支店のみ。松華堂カステラ［長さ24cm］1580円／松華堂菓子店　エスパル仙台店

駅近の店・高崎駅直結

82.

〈プティ・ポンム〉の 桑の葉入り丸福達磨さぶれ

群馬県

世界遺産・富岡製糸場があるように、絹産業とともに歩んできた群馬県。洋菓子店〈プティ・ポンム〉の桑の葉パウダー、シルクパウダーを練り込んだ達磨型のサブレは生地がしっとり。張り子の達磨型ケースや、おみくじシール付きでお祝いにも。丸福達磨さぶれ［桑の葉さぶれ6枚・シルクさぶれ6枚入り］1080円／高崎じまん

駅近の店・盛岡駅直結

81.

〈創菓工房 みやざわ〉の サクサクした子馬のポルカ

岩手県

盛岡の無形民俗文化財「チャグチャグ馬コ」をイメージし、最中種で子馬を象った和風フロランタン。中身は滝沢市産のお米をポン菓子にし、香ばしいキャラメルとくるみをからめ、サクサクの食感に。盛岡駅直結〈おでんせ館〉内の支店で購入できます。子馬のポルカ［8個入り］1350円／岩手菓子倶楽部内　創菓工房みやざわ

85

84

86

駅近の店・鹿児島中央駅構内

86.

〈パティスリーヤナギムラ〉のフローズンしろくま

鹿児島県

鹿児島の洋菓子店〈パティスリーヤナギムラ〉の「フローズンしろくま」はつい見つめてしまう、ぬいぐるみのような無垢な表情。「しろくま」とは、かき氷に練乳や小豆、フルーツをのせたものを指す鹿児島名物。ヤナギムラ流に、練乳みるく以外にいちごみるく味と知覧茶味等も展開。フローズンしろくま各648円／パティスリーヤナギムラ鹿児島中央駅店

駅近の店・鹿児島中央駅構内

85.

〈梅月堂〉のラム酒が香る大人のラムドラ

鹿児島県

じゅわじゅわっとラム酒がしみこんだ自家製ラムレーズン、自家製あん、手焼きの薄皮とのマリアージュがたまらない大人のどら焼き「ラムドラ」。2021年に100周年を迎えた〈梅月堂〉の4代目曰く、発売から5年かけて人気商品に成長した“遅咲きのシンデレラ”とのこと。ラムドラ［3個入り］1080円／鹿児島銘品蔵

駅近の店・小倉駅直結

84.

〈菓匠きくたろう〉のきくたろうサブレ缶

福岡県

地元九州産の素材にこだわる和菓子店〈菓匠きくたろう〉の和サブレ缶は、サクッホロッと口の中でほどける「きび砂糖サブレ」「きなこサブレ」「うぐいすサブレ」の3種入り。鳥やひょうたんなどのモチーフが繊細なため、お取り寄せ不可。きくたろうサブレ缶［30枚入り］1296円／菓匠きくたろうアミュプラザ小倉店

Column. 現地でしか味わえないおやつ

オリジナルのホームページやウェブショップをつくることなく、近所の人に向けて商いを続ける昔ながらの店。賞味期限がその日だけに限られるため発送を行っていない生菓子。喫茶店やカフェで味わうパフェやケ

北海道

青森県

秋田県

右：〈杉重冷菓〉のババヘラアイスパラソル花

秋田県男鹿市

「杉重冷菓は昭和31年から男鹿市で秋田名物のババヘラアイスをつくっているそうです。愛らしい花の形に一目ぼれしたのは、旅の途中の道の駅。こぶりな上に、さっぱりとした後味で、お代わりしたくなりました」

左：〈甘洋堂菓子舗〉のたぬきケーキ

青森県八戸市

「出張が決まってから『たぬきケーキ』があると知り、仕事の前日から八戸市に滞在し、バスと徒歩でお店まで。ホテルの部屋に持ち帰ってインスタントコーヒーを淹れて、バタークリームたっぷりのケーキをおやつに」

〈六花の森 六’café《ロッカフェ》〉のホットケーキ

北海道帯広市

「〈六花亭〉が、銘菓『マルセイバターサンド』の工場の周辺に開いた施設〈六花の森〉。包装紙に描かれる草花が咲く中、古民家を移築したギャラリーが点在。そこに併設されたカフェで、バターとメープルシロップを合わせて味わった、焼きたてのホットケーキ」

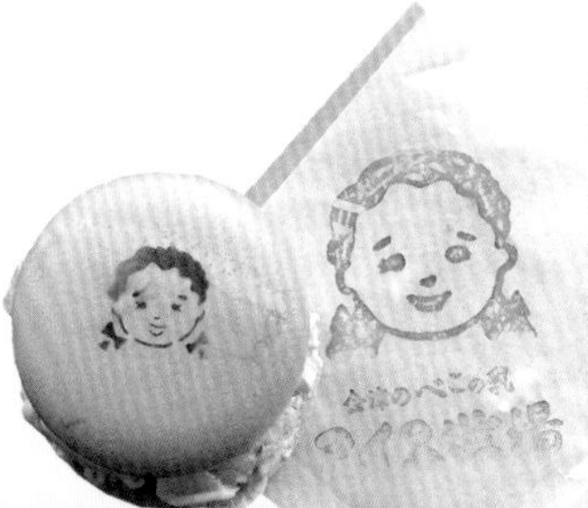

福島県

〈会津のべこの乳 アイス牧場〉のモナカアイス

福島県・会津坂下町

「会津中央乳業のブランド『会津のべこの乳』の牛乳やヨーグルトが大好きで、福島県のアンテナショップで購入や、お取り寄せをしていました。仕事で福島を訪れたとき、念願の〈アイス牧場〉に立ち寄り、こだわりのアイスを使ったモナカアイスを味わいました」

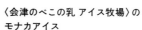

ーキやアイスクリームなどのデザート……。遠方まで出かけることができないときには、便利なお取り寄せに助けられているけれど、同時にそれと同じくらい、「お取り寄せできないおやつ」を愛しています。

仕事やプライベートで出かけた旅先で、偶然に出合うものもあれば、数百円の生菓子やアイスクリームを食べることを一番の目的に、その土地を旅先に選ぶこともよくあること。賞味期限が限られているものは、ホテルの部屋や移動の電車の中で食べたり、近くの公園や店の前、ときに道端でパクッとほおばることもあります。ここにあるのは、私の携帯電話でこれまで撮影してきた、「現地でしか味わえないおやつ」の一部。写真を見るたびその土地そのものの風景を思い起こします。

東京都

上：〈パリジェンヌ洋菓子店〉のポチ
小金井市

左：〈梅家〉の白熊くん
中野区

右：〈レストラン東洋〉のメリーパフェ
台東区

「(上) 果物入りのスポンジケーキに生クリームたっぷり。散歩の途中に購入。表情がなんとも言えません。(左) 毎年、夏が来ると中野の甘味屋へ。かき氷の中にも、フルーツが隠れています。(右) 昭和の雰囲気が残る浅草に、よく合う懐かしい味わいのパフェ」

神奈川県

〈鎌倉紅谷 クルミッ子ファクトリー〉の
The Factory's クルミッ子パフェ
神奈川県横浜市

「〈鎌倉紅谷〉の名物お菓子『クルミッ子』の製造工程をガラス越しに見学できる〈横浜ハンマーヘッド〉内〈クルミッ子ファクトリー〉の限定パフェ。コーヒージュレ、塩キャラメルとミルクのアイスなどが食べやすいサイズで。海を眺めながら甘いひとときを」

現地でしか味わえないおやつを振り返るとき、訪れた季節や、ともに旅した人、その店や街の〝匂い〟までもを思い出します。同時に、和やかな店主や、店に満ちるどこかのどかな雰囲気も。もちろんおやつそのものも、再会したい懐かしい存在。ああ、また早くおやつの旅に出たくなります！

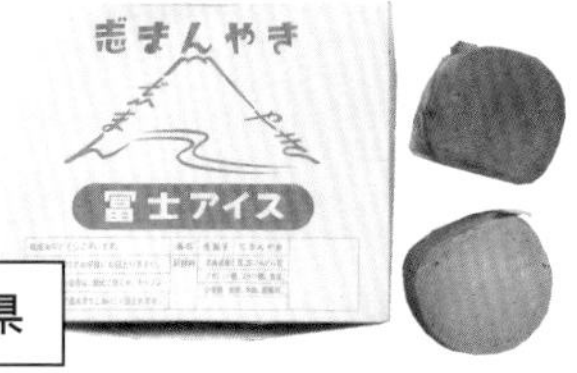

長野県

上：〈冨士アイス〉の志《じ》まんやき
長野県上田市

下：〈翁堂〉のタヌキケーキ
長野県松本市

「(上) 上田に行くたび箱入りで購入する、あんことカスタードの大判焼き。なんと1個80円。(下)〈翁堂〉のタヌキケーキは、季節ごとの異なる飾りがほどこされていたり、パンダやコアラとシリーズ化されていたり、芸術的なアレンジを楽しめるので大好き」

〈両口屋是清〉の室の氷
愛知県名古屋市

「まるで甘い宝石のよう。夏に名古屋を訪れると買い求めていたのが、寒天と砂糖を煮詰めて固めたあと乾燥させた、寒氷製の『室の氷』。外側がシャリッと歯ごたえがあって、中身はプルンとゼリーのような食感。箱にきっちり収められたその様も見事」
※現在発売停止

愛知県

静岡県

〈マルキーズ〉のメロンシャンテ
静岡県富士宮市

「私の地元・富士宮市の自慢の味。半分に切ったメロンをくり抜き、スポンジ、生クリーム、カスタードクリームを詰めた上に、メロンの果肉と季節のフルーツをのせた、みずみずしいケーキ。一見ボリュームがあるけれど、一人でペロリと食べられてしまいますよ」

岐阜県

〈御菓子つちや〉の
みずのいろ
岐阜県大垣市

「一枚ずつ手づくりされる、寒天を使った干錦玉製。美しい色合いはハーブを用いた自然の色。催事で扱う以外は、店舗受け取りの予約販売のみ」

〈純喫茶アメリカン〉の
ホットケーキ

大阪府

大阪府大阪市

「P13では、取り寄せ可能なプリンを紹介している〈純喫茶アメリカン〉。実はこのホットケーキも冷凍で取り寄せできるのですが、やっぱり現地でつくりたてを味わうのが格別。箱に入った佇まいが好きで、あえて持ち帰りにしてホテルの部屋で食べています」

福岡県

〈ハイジ〉のスワン

福岡県福岡市

「ずっと前に、友人から教えてもらって以来、食べてみたかったドイツ菓子店のケーキ。博多で仕事があったとき、電車やタクシーを乗り継いで、わざわざ買いに行きました。さっくり歯切れのいいメレンゲに、時間をかけて丁寧につくる生クリームの組み合わせ」

左：〈わらべ〉のチーズ饅頭

宮崎県宮崎市

宮崎県

右：〈パティスリー あ〉のパイナップル

宮崎県・川南町

「(左) 要冷蔵で賞味期限も短く、取り寄せもできないうえ、店頭でも夕方までに売り切れる、貴重な味。外はサクサク、中はクリームチーズがたっぷり。(右) 仕事で通った川南町。店頭に並ぶ種類は店主の気まぐれで、いつもあるわけではないけれど、出合えたときは嬉しくて必ず買う大好物のケーキ」

和歌山県

上：〈喫茶ビートル〉のホットケーキ

和歌山県田辺市

下：〈グリーンコーナー〉のグリーンソフト

和歌山県和歌山市

「(上) 駅から遠く、営業時間は夜間のみ、営業曜日も限られているため、“幻の”と称される、つやつやのホットケーキ。(下) 和歌山県民のソウルおやつと言える、抹茶味のソフトクリーム」

街とおやつ ❸

愛媛県

あるとき愛媛出身の友人が「昔から大好きな地元のおやつ」と手渡してくれたのが〈とらや一甫〉の、このクッキー。懐かし味わいを気に入って、いつか訪れてみたいと思い続け、数年後に実現! 旅先から友人に、「○○さんの故郷にいます」と便りを出しました。

P.49

4

かわいいパッケージ採集

パッケージはお菓子にとって、
自らをより輝かせるための〝ドレスや洋服〟であり、
ときに、その店の看板のような役割を果たしています。
パッケージが美しく愛らしいお菓子は、中身もおいしい。
そんな持論を私が抱いているのも、
お菓子そのものを味わう前から、店主の美意識が伝わってくるため。
箱、缶、袋、包み紙……さまざまな素材のステキな意匠は、
食べた後も〝甘い余韻〟や宝箱として
大切に取っておきたくなる愛おしいものばかり。

87.

〈ルル メリー〉のショコラサブレ

東京都

老舗チョコレートブランド〈メリーチョコレート〉からうまれた新ブランド〈ルル メリー〉のショコラサブレ。“縷々《るる》としたひと時”をイメージし、箱には自然の風景や野花が描かれています。ショコラサブレ　右上から下へ／[2枚入り] 378円、[8枚入り] 1080円、[16枚入り] 2160円、[24枚入り] 3240円／メリーチョコレートカムパニー

88.

〈パパブブレ〉の
ザ・ピーナッツ・タフィー

千葉県

ソフトキャンディに千葉県産のピーナッツを練り込んだ、千葉の新定番みやげ。塩味と味噌味の2種の展開で、甘じょっぱさの塩梅がたまりません。甲斐みのりの監修のもと、ピーナッツ型のパッケージにイラストレーター・大神慶子氏が昭和の歌手を描きました。ザ・ピーナッツ・タフィー［20個入り］1650円／パパブブレ そごう千葉店

89.

〈榮太樓總本舗〉の東京ピーセン

東京都

戦後まもなくうまれたお菓子「ピーセン」。当時ピーナッツのサクサクとした食感が人気を呼び、エッフェル塔を描いた青缶は東京みやげの代名詞に。2015年、老舗江戸菓子店〈榮太樓〉が「東京ピーセン」としてブランドリニューアル。青缶をよみがえらせました。東京ピーセン 缶入り［6袋入り］1026円／榮太樓總本舗 日本橋本店

90.

〈TAYORI BAKE〉の クッキー缶

東京都

“便り”が店名の由来の菓子店〈TAYORI BAKE〉のクッキー缶は郵便ポストをイメージした朱色地に、自転車に乗った郵便屋さんが描かれています。アソートクッキーは、全粒粉、チャイ、塩レモン、チーズペッパーなど遊び心たっぷり。TAYORIオリジナルクッキー缶 朱［9種31枚入り］3000円／TAYORI BAKE

91.

〈CARAMEL MONDAY〉の ダブルキャラメルムーン

東京都

キャラメル菓子専門店〈CARAMEL MONDAY〉のパッケージは、ブランドのコンセプトストーリー、――満月から滴り落ちるキャラメル、それを食べると輝く森の動物たち――を投影。お菓子も、満月のような真ん丸クッキーに自家製キャラメルをサンド。ダブルキャラメルムーン［12個入り］1620円／CARAMEL MONDAY

92.

〈G線〉のハンドメイドクッキー缶

兵庫県

独特のレタリングが時代を感じさせない神戸の洋菓子店〈G線〉のクッキー缶。デザインしたのは、1952年の創業当初からパッケージや、店舗什器、マッチ、コースターまでを手がけた昭和を代表するデザイナー・早川良雄。素材にこだわった焼き菓子も定評あり。G線ハンドメイドクッキー缶A［8種入り］3888円／G線

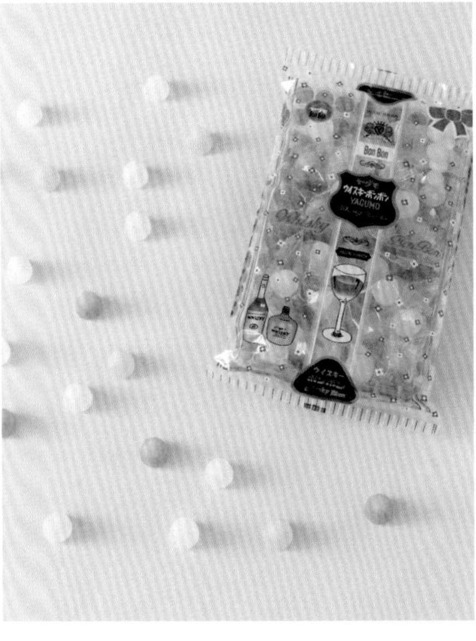

93.

〈米倉商店〉のバナナ饅頭

北海道

懐かしい“バナナのような”香りを漂わせる「バナナ饅頭」。明治38年、高級だったバナナを手軽に楽しんで欲しいと、バナナの香料を混ぜた白あん入りの饅頭がうまれました。それから味も香りも当時のまま、愛されています。パッケージは昭和30年から変わらないレトロなデザイン。バナナ饅頭［8個入り］723円／米倉商店

94.

〈八雲製菓〉のウイスキーボンボン

山梨県

70周年を迎えた〈八雲製菓〉では、砂糖の球体の中にとろりとしたウイスキーを閉じ込めるという難しい製法を創業当初から手間暇かけて行ってきました。パッケージのグラスや瓶のイラスト、クラシックなロゴ……懐かしさに思わず手に取ってしまうでしょう。八雲のウイスキーボンボン［110g］324円／八雲製菓

(下) **96.**

〈IFNi ROASTING & CO.〉の珈琲羊羹

静岡県

コーヒー専門店が手がける羊羹は、カフェインレスの細かなコーヒーの粉をあんこに練り込み、静岡産の完熟柚子を効かせた和洋折衷な一品。包み紙は染色家・高井信行氏によるもので、筒描きと型染による柄や書体に温かみを感じます。珈琲羊羹（柚子味）［長さ約18.5cm］1404円／IFNi ROASTING & CO.

(上) **95.**

〈エーデルワイス洋菓子店〉のパリスクッキー

広島県

父がドイツ人の下で、息子がフランス人の下で修業し親子で営む〈エーデルワイス洋菓子店〉。クラシックな包装紙は、店名でもあるエーデルワイスを初代が描いたそう。アーモンドスライス入りのクッキーは、あえて卵と牛乳を使わずさっくりとした生地に。パリスクッキー［8袋入り］2322円／エーデルワイス洋菓子店

(右) **97.**

〈うさぎや〉のチャット

栃木県

白あんにバターと卵を合わせ、しっとりと焼き上げたお菓子「チャット」。名づけ親は詩人・書家の相田みつをで、英語のchat(おしゃべり)からきているそう。パッケージデザインも相田みつをが手がけています。おしゃべりする鳥たちが微笑ましい。宇都宮銘菓 チャット[20個入り] 2808円/下野菓子処うさぎや

(下) **98.**

〈シャトロワ〉のプチフィナンシェ

兵庫県

3匹の猫(トロワ・ド・シャ)とチョコレートをコンセプトにした洋菓子店〈シャトロワ〉。お行儀よく座る3種の子猫の缶には、まるで子猫の肉球のように柔らかでアーモンドの香りが香ばしいフィナンシェが入っています。Otete～プチフィナンシェ～　右から苺・ショコラ・抹茶[各5個入り]各1080円/シャトロワ

99.

〈メゾン ロミ・ユニ〉の
メゾンセット1（アン）

東京都

菓子研究家・いがらし ろみの焼き菓子とジャムの店〈メゾン ロミ・ユニ〉。店名にもなっているメゾン＝おうちをイメージしたギフトボックスには、バターや粉にこだわった定番と季節のサブレ、計6種が入っています。メゾンセット1(アン)[9枚入り]1470円／メゾン ロミ・ユニ

100.

〈豊島屋 置石〉の
8種の焼き菓子

神奈川県

鳩サブレーの〈豊島屋〉が開いた洋菓子店〈豊島屋洋菓子舗 置石〉の焼き菓子は、パッケージに湘南・鎌倉名物が。購入の際にサーファー・大仏・鳥居・鳩など8種類から箱を選べます。左上から時計回りに／カフェ［4個入り］700円、ウィンナーワッフル［12個入り］700円、フロランタン［12個入り］800円、ソレイユ［8個入り］700円／豊島屋洋菓子舗 置石

101.

〈タルティン〉のタルティン四角缶とニコル

東京都

タルト菓子専門店〈タルティン〉のアイコン、タルティン姉妹が描かれた缶には、いちごクリームなどがのったタルト「タルティン」と、ラングドシャでいちごクリームを包んだ「ブーケ」(2022年2月中旬から販売)入り。秋冬限定で登場するくまのニコルのパッケージは、チョコクリームのお菓子入り。タルティン四角缶・小[8個入り]1772円、ニコル[3個入り]756円/タルティン 東武百貨店 池袋店 ※2021年11/12～12/25は四角缶のデザインが変更

102.

〈オードリー〉のオードレーヌ

東京都

全国選りすぐりのいちごと、チョコレートを使ったいちごスイーツ専門店〈オードリー〉のマドレーヌは、パッケージとリンクしたリボンモチーフで一目で心が華やぎます。裏側にいちごのコンフィチュールを合わせており、甘酸っぱさがアクセントに。オードレーヌ［8個入り］1728円／オードリー 髙島屋日本橋店

103.

〈北海まりも製菓〉の阿寒シンプイ

北海道

箱の窓から見える、ぷかぷかと浮くまりも。さて、どんな味かわかりますか？　答えは、さわやかな青りんご味のゼリー。まりもは湖部分より少し固めで食感の違いも楽しめます。「阿寒シンプイ」の「シンプイ」は、アイヌ語で“まりもが宿る清い水”という意味。阿寒シンプイ［5個入り］756円／北海まりも製菓

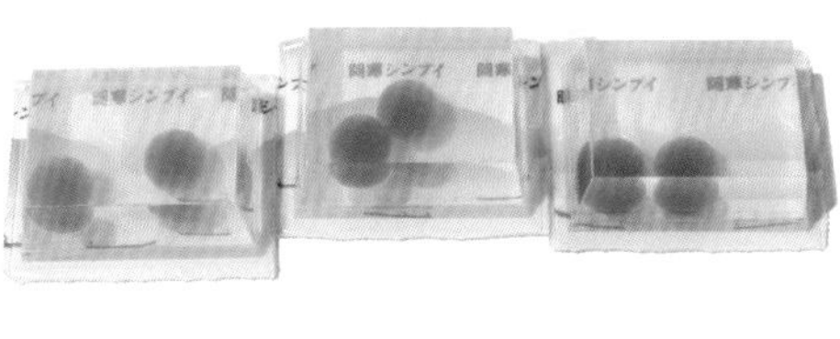

104.

〈オハコルテ〉の しあわせはこぶとりサブレ

沖縄県

沖縄にある、フルーツタルト専門店〈オハコルテ〉。店自慢のタルト生地を鳥型にしたサブレはサクサクとした食感で、香ばしい。サブレがぴったり入る箱は、ボタンに紐を引っかけ留めるスタイルで、開けるまでのワクワク感が一層募ります。しあわせはこぶとりサブレ［12枚入り］1684円／［oHacorté］港川本店

105.

〈ピュアココ〉の 24個入り・50個入り

東京都

サクサクの軽やかな一口シューに、ベルギー産のチョコレートがかかった「ピュアココ」。陶芸家・鹿児島睦氏のイラストが入った帽子箱は、食べた後も残したくなる素敵さ。ピュアココ［24個入り］2700円・［50個入り］5600円／ピュアココ 二子玉川東急フードショー店

106.

〈二宮〉の闘鶏まんじゅう

和歌山県

世界遺産・闘鶏神社のほど近くにある和菓子店〈二宮〉が、神社にちなんでつくった柚子あんと、梅あんのまんじゅう。源平合戦の時代に紅白の鶏を神前で戦わせたことに由来し、箱を土俵に、付属の鶏でトントン相撲ができるよう工夫を凝らしたパッケージ。
闘鶏まんじゅう［9個入り］1620円／菓匠 二宮

パッケージ素材集

包み紙そのものや、リボンを結んだ姿、手提げ袋やその他の装飾品、お菓子を取り巻くさまざまなデザインは心をときめかせます。

包み紙

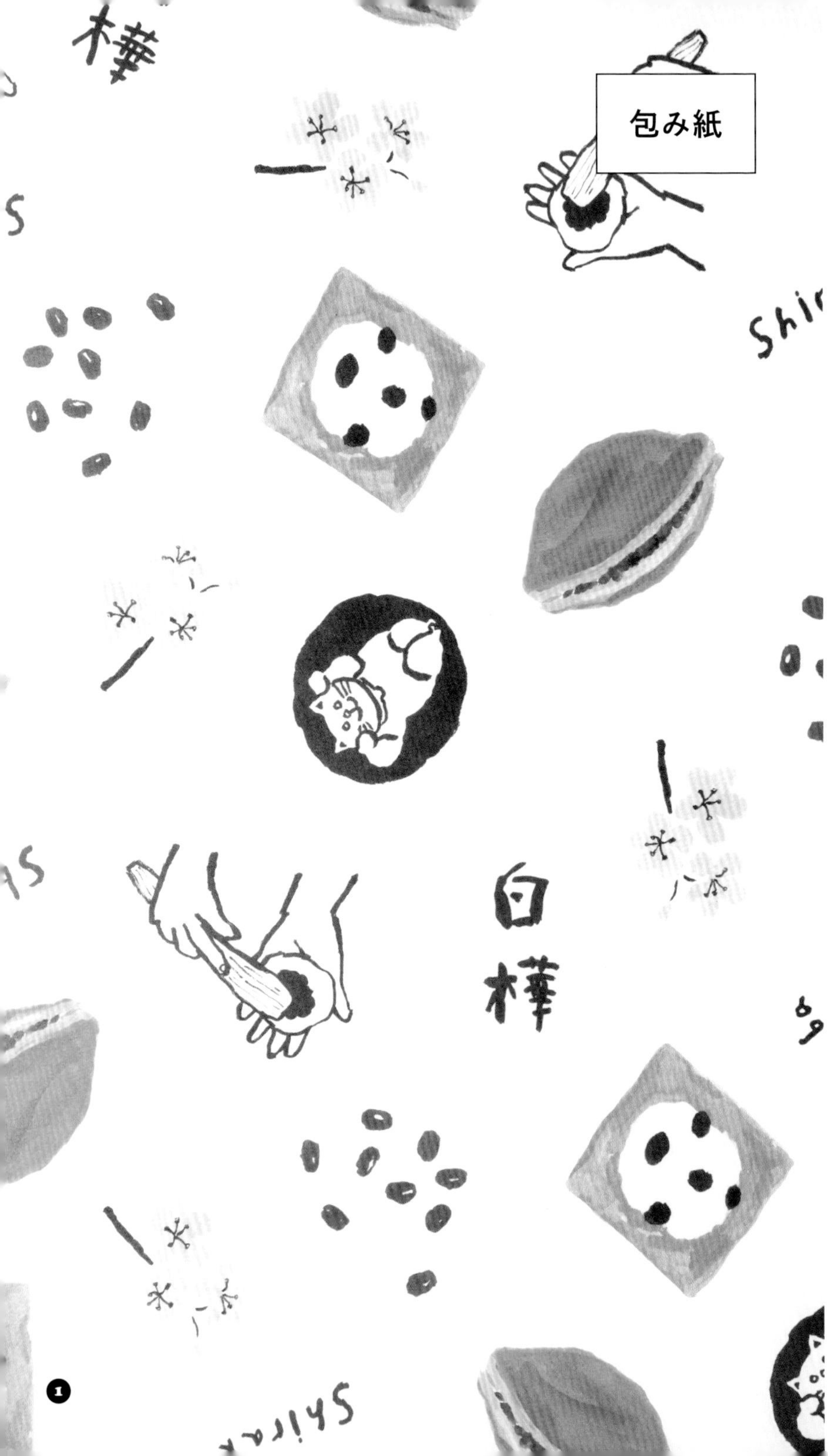

1

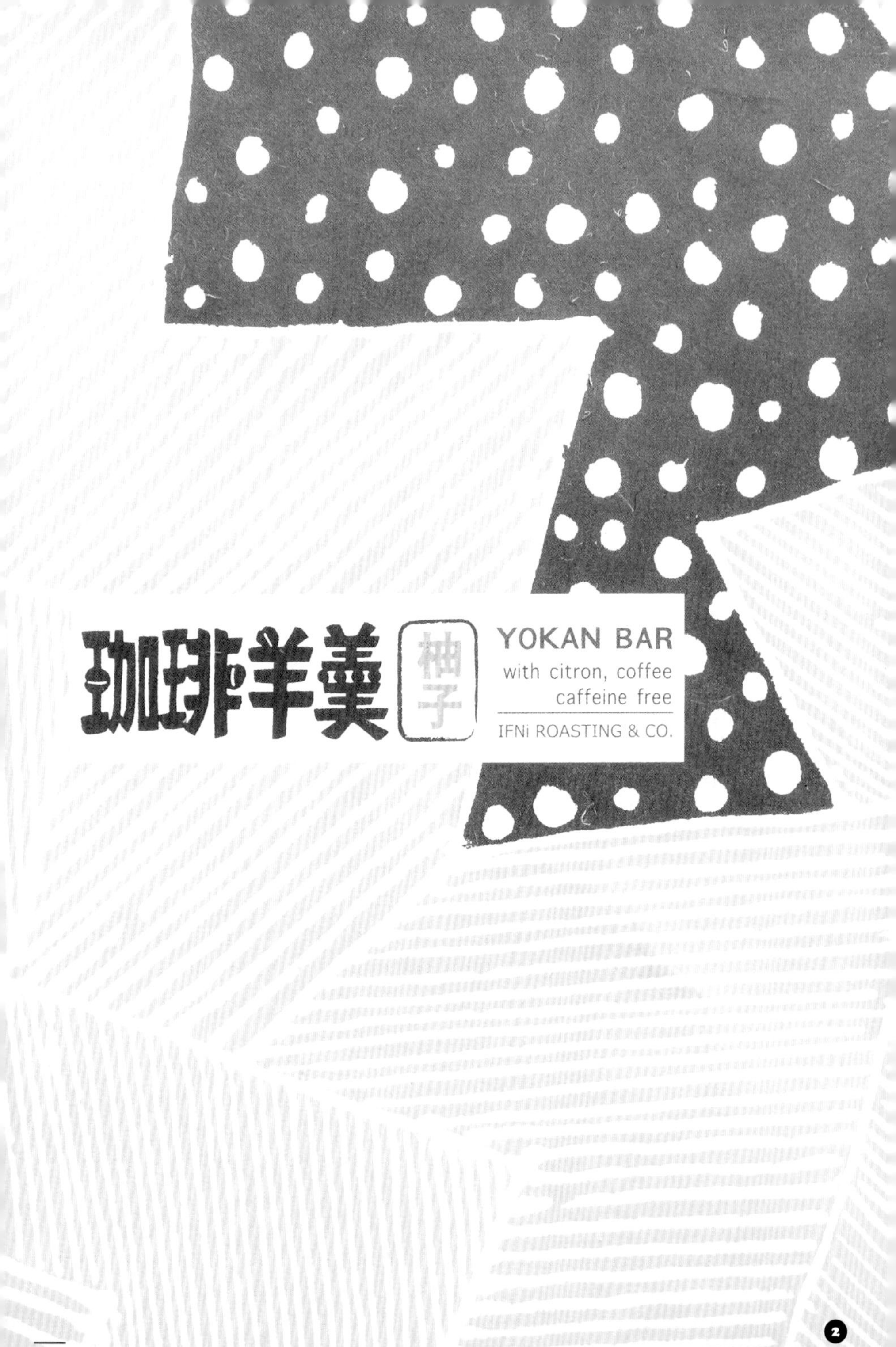
珈琲羊羹
柚子
YOKAN BAR
with citron, coffee
caffeine free
IFNi ROASTING & CO.

2

3

4

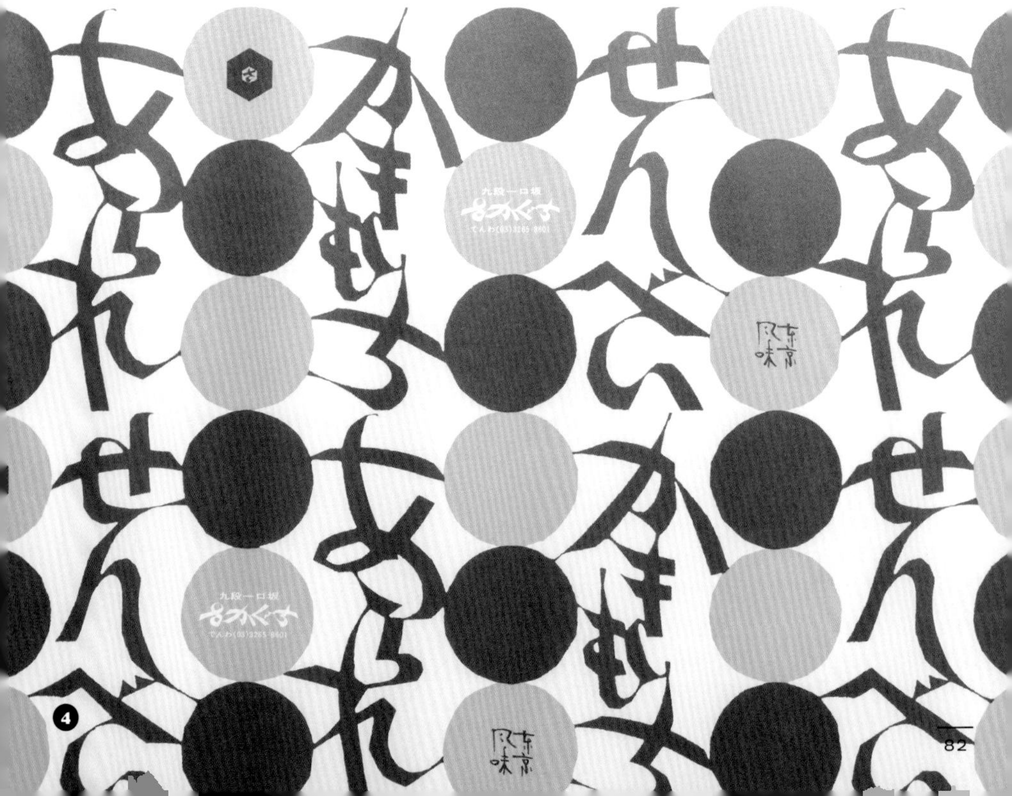

5

6

リボンがけ

7

8

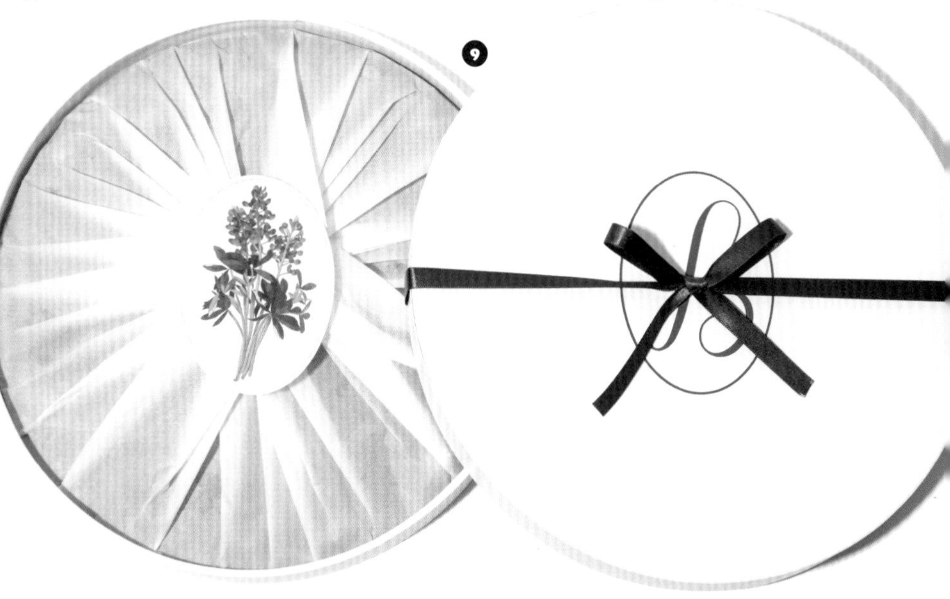

9

12

11

10

13

14

15

16

17

18

19

手提げ袋

21

20

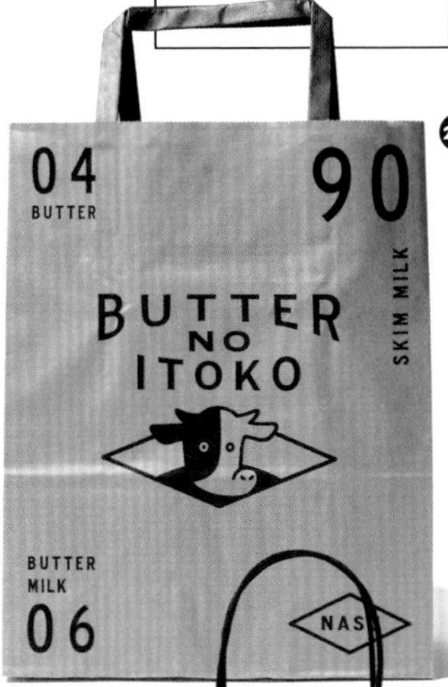

22

23

24

25

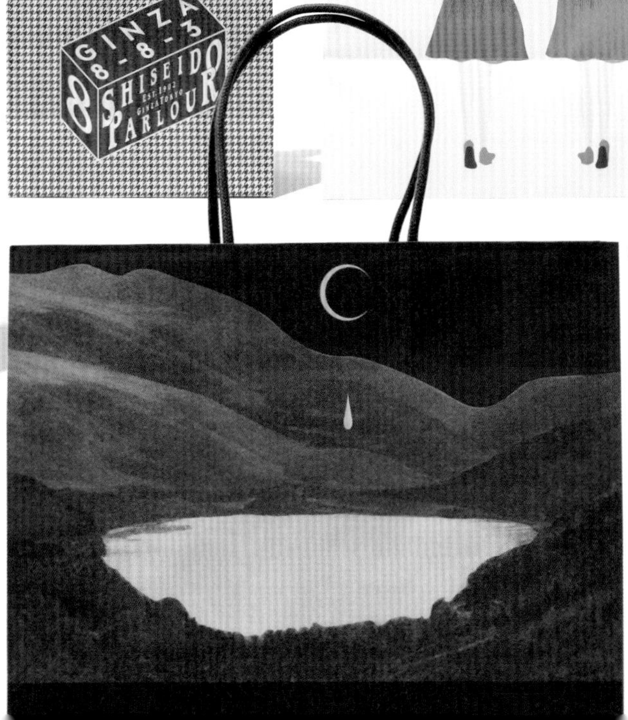

エトセトラ

26

27

28

29

30

5

絵本のようなおやつ

幼い頃は大好きな絵本をめくりながら、
絵本の中に潜り込んでみたいと想像に耽ったり、
物語に登場するおやつを味わってみたいと願ったり。
心を和やかに満たしてくれるものとして、
絵本もおやつも大好きでした。
大人になった今は、〝あの頃〟を思い出しながら、
絵本をイメージしたおやつを味わう楽しみを見つけました。
さまざまな絵本にたずさわる、
イラストレーターさんが手がけたお菓子も併せてどうぞ。

絵本をおともに味わうお菓子

登場するキャラクターや作家にまつわるデザイン、物語をイメージさせるものまで、絵本を読みながら味わいたい愛すべきお菓子たち。

選書／萬田美侑

うちゅうへ　いったみたい。
キラキラキラキラ。
キラキラキラキラ。
キラキラキラキラ。
キラキラキラキラ。

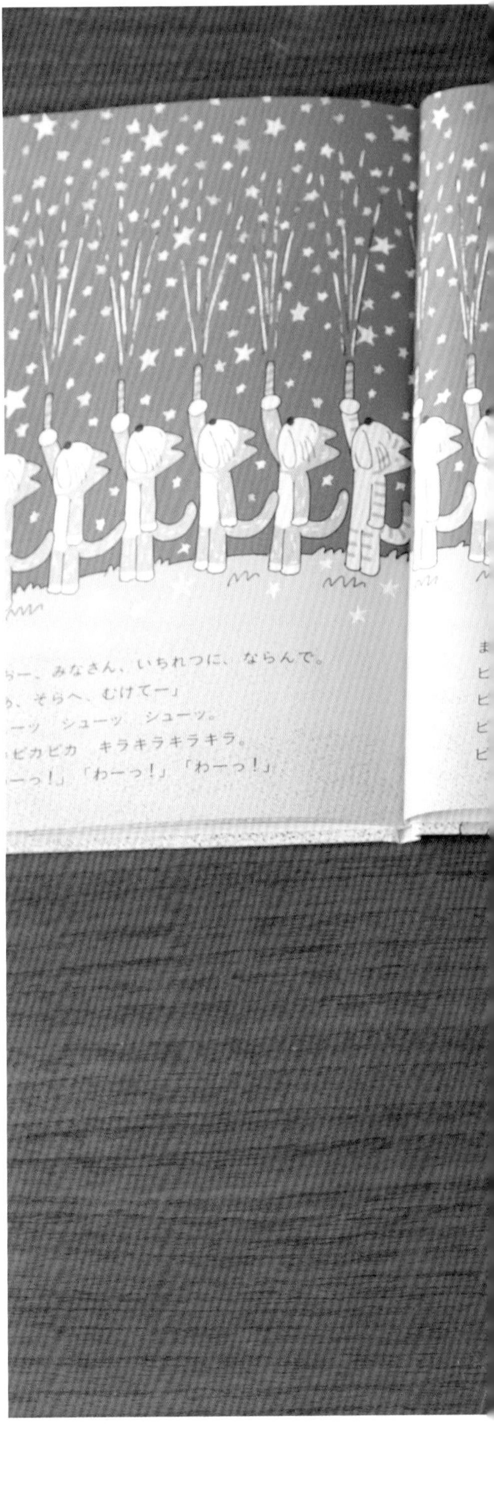

107.

作家の故郷・青森にある〈松宗菓子店〉の11ぴきのねこたち

青森県

漫画家で絵本も描いている、故・馬場のぼるさんの故郷、青森県・三戸町に160年以上も続く〈住吉屋　松宗菓子店〉。2020年より新たな看板商品となったのが、「11ぴきのねこ」シリーズの練り切り。うれしくなるとさくら色になる「へんなねこ」もいます。馬場のぼるさんと生前からお付き合いがあったのがご縁で制作。表情の細部にまでこだわったとか。11ぴきのねこたち　各250円／住吉屋　松宗菓子店

一緒に読みたい絵本

『11ぴきのねことへんなねこ』

馬場のぼる／作
こぐま社　1320円

11ぴきのねこが川で魚釣りをしていると、見たこともない水玉模様のねこが通りかかります。それは宇宙からやってきた「へんなねこ」。乗ってきた宇宙船が壊れ、宇宙に帰れず困っているのでした。

108.

思わず抱きかかえたくなる〈三月の羊〉のひつじパンDX

北海道

ぬいぐるみのようなふわふわの羊型のパンは、食べるのを躊躇するほどの愛らしさ。“体に優しいものを”と、卵と乳製品は不使用、北海道産小麦と甜菜糖を用いて、北海道の森の中にある工房で手づくりしています。トーストすると外はサクッ、中はもっちりに。ひつじパンDX［27cm］1450円／三月の羊

一緒に読みたい絵本

『まりーちゃんとひつじ』

フランソワーズ／文・絵
与田準一／訳
岩波書店　880円

小さなまりーちゃんと、羊のぱたぽんとのリズミカルな会話がかわいい絵本。温もりあるタッチの絵が牧歌的な世界を紡ぎます。

ぴょんぴょんは　うちへ　はいって、はこを　あけてみました。
「やあ!!　ケーキだ。おいしそうだなあ」
ぴょんぴょんは　おおよろこびで　いいました。
「そうだ、この　ケーキ、
みみーに　もっていって　あげよう!!」

109.

〈やきがしやシュシュクル〉の絵本のような焼き菓子セット

東京都

「ぐりとぐら」シリーズなどの絵本作家、山脇百合子さんがイラストを描いた缶パッケージは仲良しの動物たちに笑みがこぼれます。中身もまるで絵本のよう。ラングドシャの「あいすっこ」、クッキーの「うさここ」「どんぐりこ」など、素朴でかわいい焼き菓子たち。焼き菓子セット［8種入り］2950円／やきがしやシュシュクル

一緒に読みたい絵本

おたんじょうびの
おくりもの

『おたんじょうびのおくりもの』

むらやまけいこ／作　やまわきゆりこ／絵
教育画劇　1265円

〈やきがしやシュシュクル〉のうさぎのクッキーにちなんで、絵本も忘れん坊のうさぎ、ぴょんぴょんが主人公のお話を。「おたんじょうびのおくりもの」にするはずのりんごをなくしてしまって……。

一緒に読みたい絵本

『野のはなとちいさなとり』

マカベアリス／刺しゅう・文
ミルトス　1650円

うまくみんなと歌えない、一人ぼっちの小さなとり。夜空の星や野の花が友だちだけれど、あるとき素敵な出会いがありました。刺繍作家・マカベアリスさんの表現豊かな手刺繍でつづられた美しい絵本。

110.

月を慕う鳥を描いた〈長門屋〉の羊羹ファンタジア

福島県

三日月から満月へ、青い鳥が少しずつ羽を広げて羽ばたく。一棹の中で絵柄が変化する物語のある羊羹。6層からなっており、鳥と月はレモン羊羹、トップには少し酸味のあるドライフルーツ、和くるみなどが用いられた大人の味わい。羊羹ファンタジア　Fly Me to The Moon［長さ12.5cm］3500円／長門屋本店

111.

マトリョーシカの箱に入った〈マツヤ〉のロシアチョコレート

新潟県

国内で珍しいロシアチョコレート専門店。ロシア風クリームやゼリー、ドライフルーツ、ナッツなどを具材に用いたチョコレートはもちろん、マトリョーシカの化粧箱や、ロシア語入りの個包装紙も異国情緒たっぷり。ロシアチョコレート　マトリョーシカ化粧箱セット［12個入り×2箱］3200円／マツヤ

一緒に読みたい絵本

『マトリョーシカちゃん』

ヴェ・ヴィクトロフ、
イ・ベロポーリスカヤ／原作
加古里子／文・絵
福音館書店　990円

お人形のマトリョーシカちゃんは、「仲間も待っています」と貼り紙をして、お客様を招待することにしました。続々とやってくるロシアの民族人形たち。加古里子さんの描く素朴なマトリョーシカちゃんに心惹かれていきます。

112.

〈越乃雪本舗大和屋〉の
こはくのつみきで童心に

新潟県

外側シャリッ中はぷるんっの、積み木を模した琥珀糖。食べる前に積んでみたり、淡い色彩にノスタルジーを感じてみたり。ブック型の箱のデザインや、蓋を開けたところに「きらきら ふるふる きれいな つみき」などと綴られた詩に絵本の世界を感じます。こはくのつみき［15個入り］1296円／越乃雪本舗大和屋

一緒に読みたい絵本

『わたしのちいさないもうと』

みうらとも／文・絵　岩波書店　1320円

2016年ボローニャ国際絵本原画展入選作家が、スイスの出版社からフランス語で初めて出した絵本の日本語訳。つみきあそび、かくれんぼ、電車ごっこ。もしも妹がいたらこんなことして遊ぼう！　と、かわいい夢を描いた絵本。

113.

〈菓子工房ルスルス〉の白い星が瞬く、夜空缶

東京都

浅草にある、工房と教室、喫茶を併設した〈菓子工房ルスルス〉は“当たり前のことを丁寧に”をモットーに、シンプルな菓子づくりを行っています。お店の代名詞は、レモンの酸味がほんのり効いたサクサクの星型アイシングクッキー。付属の青い折り紙にクッキーをのせると夜空が現れます。夜空缶［18枚入り］1620円／菓子工房ルスルス浅草店

一緒に読みたい絵本

『うさこちゃんの ゆめ』

ディック・ブルーナ／作
福音館書店　品切れ中

うさこちゃんは夢の中。ふわふわの雲の上で揺られていると、茶色のうさぎがやってきます。夜空の雲の上で星の投げ合いっこをしたり、月のすべり台で遊んだり。文字がないため、思い思いに想像をふくらませ楽しめる絵本。

イラストレーターが手がけたお菓子

本だけではないさまざまな分野で、独自の世界を描き出すイラストレーターのみなさんによる、〝目にもおいしい〟お菓子の数々。

イラストを手がけたのは

大神慶子

おおがみけいこ／山口県在住。デザイン事務所での経験を経た後、イラストレーターとしての活動を中心にデザインも手がける。

115のパッケージは、熊楠の資料や文献を読み込み、1年半以上かけ、パッケージからお菓子、パンフレットに至るまでを制作。「実際に残っている熊楠の研究ノートをイメージして、まんじゅうの箱に熊楠の魅力をびっしり文字で書き込みました」。

114

114.

〈ピープルツリー〉のフェアトレードチョコ

東京都

大神さんがパッケージイラストとデザインを手がけたデビュー作。「日本パッケージデザイン大賞2011」において入選を果たしています。生産者や原材料を大切にしているブランド〈ピープルツリー〉の方針をくんで、動物や食材を温かなタッチで表現。フェアトレードチョコ ※秋冬限定［板チョコ ミルク／オレンジ／コーヒーニブ］各378円／ピープルツリー 自由が丘店

115.

〈二宮〉の南方熊楠っまんじゅう

和歌山県

和歌山県田辺市にある〈二宮〉のまんじゅうは、店舗のほど近くに居を構え（現・南方熊楠顕彰館）、粘菌などの研究をしていた博物学者・南方熊楠にちなんだもので、ふかふか生地が新食感。まんじゅうの焼き印は、「粘菌」印、「きのこ」印、「熊がくすっと笑っている」印などの6種。1個だけ入っている「粘菌」を引けばアタリ。南方熊楠っまんじゅう［8個入り］2160円／菓匠 二宮

南方熊楠まんじゅう
NINOMIYA Co., Ltd
27 Shimoyashikimachi
Tanabe-shi, Wakayama
TANABE
People Tree
Fair trade chocolate
Milk

115

116.

〈フェアリーケーキフェア〉の プチカドーはとハート

東京都

菓子研究家・いがらし ろみプロデュースの菓子店〈フェアリーケーキフェア〉が展開する“小さな贈り物”シリーズ。柔らかなタッチで描かれた幸せの白い鳩が、つくりたてのおいしさを運んできてくれるよう。プチカドーはとハート[「はとハート」ビスケット　6枚入り、レモンヨーグルト味のメレンゲ］880円／フェアリーケーキフェア グランスタ東京

イラストを手がけたのは

前田ひさえ

まえだひさえ／川上未映子著『愛の夢とか』（講談社）をはじめとする書籍装画や、原田知世のMV「銀河絵日記」などを手がける。

“小さな贈り物”をテーマに、缶の中央にリボンや、幸福のシンボル・鳩とハートを。また、メレンゲのレモンヨーグルトフレーバーから着想を得て背景をイエローに。色鉛筆の柔らかなタッチが絵本のよう。

117.

〈DE CARNERO CASTE〉の
羊のカスティーリャ、スパイスカステラ
三重県

三重県にあるカステラ専門店のカステラは、三重県産の小麦粉「あやひかり」を100%使用し、もっちりしっとり。キューブカステラのかわいらしい動物の焼き印や、スパイスカステラの細部まで緻密で繊細な焼き印、アンティークレースのようなパッケージの絵柄をイラストレーター・福田利之さんが手がけました。羊のカスティーリャ［プレーン・6個入り］1404円、スパイスカステラ［長さ14cm］1080円／DE CARNERO CASTE三重本店

イラストを手がけたのは

福田利之

ふくだとしゆき／絵本や装丁、テキスタイル、スピッツのCDジャケットなど幅広く表現活動を行う。現在、東京と徳島の2拠点生活。

「そのままでおいしいカステラなので、食べる人の気持ちを邪魔しないように」と繊細な仕上がりに。スパイスカステラの箱の絵柄は画材に、アクリルガッシュやパステル、そしてインスタントコーヒーも使用。

イラストを手がけたのは

Noritake

のりたけ／モノクロドローイングを軸に広告、書籍など国内外で活動。絵を担当した絵本に『へいわとせんそう』（ブロンズ新社）他。

「長く愛されるものを」と“普通”にこだわり描いた「桃太郎」の登場人物たち。Noritakeさんの作風であるシンプルな輪郭線は、何度も描いて直してを繰り返し、納得がいくところを日々探し求めているのだそう。

118.

〈廣榮堂武田〉の きびだんご、きなこきびだんご

岡山県

岡山県と言えば昔話「桃太郎」と銘菓・きびだんご。〈廣榮堂武田〉は安政3年の創業から160年以上もきびだんごをつくり続けてきた老舗。伝統と歴史をより多くの人に伝えたいと、デザイン事務所・シファカのディレクションのもと、Noritakeさんのイラストのパッケージにリニューアル。個装きびだんご［24個入り］1100円、個装きなこきびだんご［9個入り］410円／廣榮堂武田　中納言店

イラストを手がけたのは

塩川いづみ

しおかわいづみ／広告やパッケージをはじめ、ドローイング作品の展示発表も。挿絵を担当した詩画集に『春と修羅』(torch press)。

「“いちごのパワーで生クリームから動物や人の形が立ち上がってきちゃった”というちょっとシュールなイメージで描いています」と塩川さん。クリームの滑らかさを出すために、黒い線は筆を使用。

119.

〈Berry UP!〉の いちごケーキ、いちごサンドクッキー、いちごポルボローネ

東京都

いちごにマスカルポーネや練乳を合わせたケーキや、いちごチョコレートを挟んだクッキーなど、いちごづくしな菓子ブランド。左上から時計回りに／(人物のイラスト)いちごケーキ［6個入り］1620円、(犬のイラスト)いちごサンドクッキー［8個入り］1296円、(猫のイラスト)いちごポルボローネ［10個入り ※発売停止］／Berry UP! HANAGATAYAグランスタ東京中央通路店

120.

〈レピドール〉の期間限定クッキー

東京都

東京・田園調布の洋菓子店〈レピドール〉で、毎年夏季と冬季限定発売のクッキー缶が人気。イラストレーター・杉浦さやかさんが手がけるカラフルな缶パッケージは目で見て楽しい上に、毎年絵柄が異なるからつい集めたくなります。写真の3箱は過去の商品。期間限定サマークッキー、期間限定クリスマスクッキー（価格は都度異なる）／レピドール田園調布

イラストを手がけたのは

杉浦さやか

すぎうらさやか／色彩豊かなイラストやイラストエッセイで支持を得ている。「kodomoe」本誌&webで「おやこプチプラごっこ」を連載中。

「缶のクッキーから物語がうまれ、それを想像できるような絵を目指しています。まさに絵本の世界のように」というこちらのクッキー缶は、貼り絵で描いているそう。「洋服の柄は包装紙を使うことも」。

イラストを手がけたのは

網中いづる

あみなかいづる／透明感のある伸びやかなタッチで文芸書籍の装画や絵本挿絵を数多く手がける。『ふくはなにからできてるの?』(福音館書店)他。

「食べた後も使いたくなる箱を目指しました」というパッケージは、アクリル絵具を用い、抽象的な模様でいちごの持つイメージを表現。箱にかかった帯の優しい文字も網中さんの手書きによるもの。

121.

〈オードファーム〉の 大分いっち、大分あっち

大分県

大分県のいちご農園〈オードファーム〉で大切に育てられたいちごの繊細な風味をいかすために着色料、保存料は不使用でグラッセにしたお菓子。「大分いっち」は、サクッホロッのクッキーでクリームとともにサンド。「大分あっち」は、しっとりとしたアーモンドの生地でサンドされています。大分いっち、大分あっち［各2個入り］各669円／大分銘品蔵

Column.

イラストレーター・大神慶子と甲斐みのりのパッケージ対談

イラスト／大神慶子

4章、5章で紹介した、大神さんによるパッケージのエピソード。

甲斐みのり　大神さんのパッケージイラストのお仕事は、ピープルツリーのチョコレート①から始まっているんですよね。大神さんと出会う前からいいパッケージだなと思っていました。

イラストレーター
大神慶子さんが
手がけたお菓子

①
P98～99
フレーバーを色鉛筆で表現
〈ピープルツリー〉の
フェアトレードチョコ

②
P79
お菓子の箱で遊べる
〈二宮〉の
闘鶏まんじゅう

③
P98～99
粘菌類の研究者を描いた
〈二宮〉の
南方熊楠っまんじゅう

④
P69
双子の歌手が目印
〈パパブブレ〉の
ザ・ピーナッツ・タフィー

大神慶子さん（以降敬称略）　ありがとうございます（照れ笑い）。甲斐さんとの出会いは、和歌山県田辺市の商工会議所から依頼された「みかんスイーツマップ」をつくったことがきっかけでしたね。マップをつくるときにみかんのお菓子をつくっているお店に一軒一軒、インタビューをしたんです。その中に二宮さん（②③のお店）があって。と同時に、甲斐さんにトークショーをしてもらったら街おこしの方法に広がりがあるかなと思って。そうしたら商工会の方が予算をつけて甲斐さんを呼んでくださったんです。

甲斐　そのお仕事がきっかけで、私も今では田辺の街が大好きです。

大神　提案に乗ってくださって感謝しています。そして商工会の方も。ありがたいことに二宮さんも、私のアイディアを聞いてくださるんです。二宮さんからの最初の依頼は「〝田辺よいとこ〟というネーミングでミルクまんじゅうのパッケージをお願いします」でした。そのままではせっかくの個性が出ないなぁと思っていたら、打ち合わせで田辺を訪れたときにお店の近所に闘鶏神社があるのを知って「闘鶏まんじゅう（②）」っていいのでは！　と。

甲斐　箱が「闘鶏神社」のいわれにちなんで、付属の紅白の鶏でトントン相撲ができるんですよね。

大神　あんも特徴があったほうがいいなと、和歌山名産の梅と柚子で提案したらつくっていただけました。

甲斐　二宮さんから続いて出した「南方熊楠っまんじゅう（③）」も、大神さんが南方熊楠の研究者のように資料を読み込んでつくられたと。熊楠は、粘菌や森羅万象の研究者で一言では言い表せないほどの天才。それをこの8個で表現しているからすごいです。

　私が監修を務めたザ・ピーナッツ・タフィー（④）のイラストとデザインを大神さんにお願いしたのも、こういったアイディア力はもちろんですが、お菓子やお店への愛情があるから。大神さんがお菓子屋さんやその街のいいところをすくいとり注ぎ込んだお菓子が10年20年続いて、いつしかその街の定番みやげになる。その場面に立ち会えてうれしいです。

大神　表面的ではなく、お菓子の奥まで提案を、と思っています。深く掘り下げると見えてくることがあって、それをイラストやデザインに反映するのがおもしろいですね。

大神慶子　甲斐みのり

街とおやつ ❹

北海道

今は北海道に所在する〈三月の羊〉。以前は東京・西荻窪に店があり、贈り物に「ひつじパン」をいただいたのが出合いでした。絵本『まりーちゃんとひつじ』が大好きだった私は、本から飛び出てきたような姿に感嘆！　しばらく眺めてから大切に味わいました。

P.92

6

愛すべきキャラクター

お菓子は、おやつの時間の〝ともだち〟のような存在です。
誰もが知る国民的キャラクターから、
菓子店の看板娘（息子）として地元で活躍するものまで、
向かい合えば誰もが笑顔になるような、
親しみを抱く、個性豊かなお菓子が勢ぞろい。
お菓子の形そのものから、パッケージデザインまで
種類はそれぞれ違っていますが、
机やお皿に並べてから、しばらくじっくり目で味わって、
それからおいしくいただきましょう。

形がキャラクター

顔や形に愛着を覚える、愛嬌あるお菓子の数々。食べるのがもったいないチャーミングな表情に、思わずにっこり、笑みがこぼれます。

122.

地元のばぁばがつくる〈バーバクラブ〉のアダムクッキー

宮崎県

よく見ると、ユニークなポーズをしているライオン、うさぎ、たぬき、ぞう、そしてイカなどの魚介類までいる、ユーモアたっぷりなクッキー。馬場という街のばあちゃん（婦人会）が発足した加工所〈バーバクラブ〉で、無添加を大切に生地からこねてつくられています。アダムクッキー［80g］270円／バーバクラブ

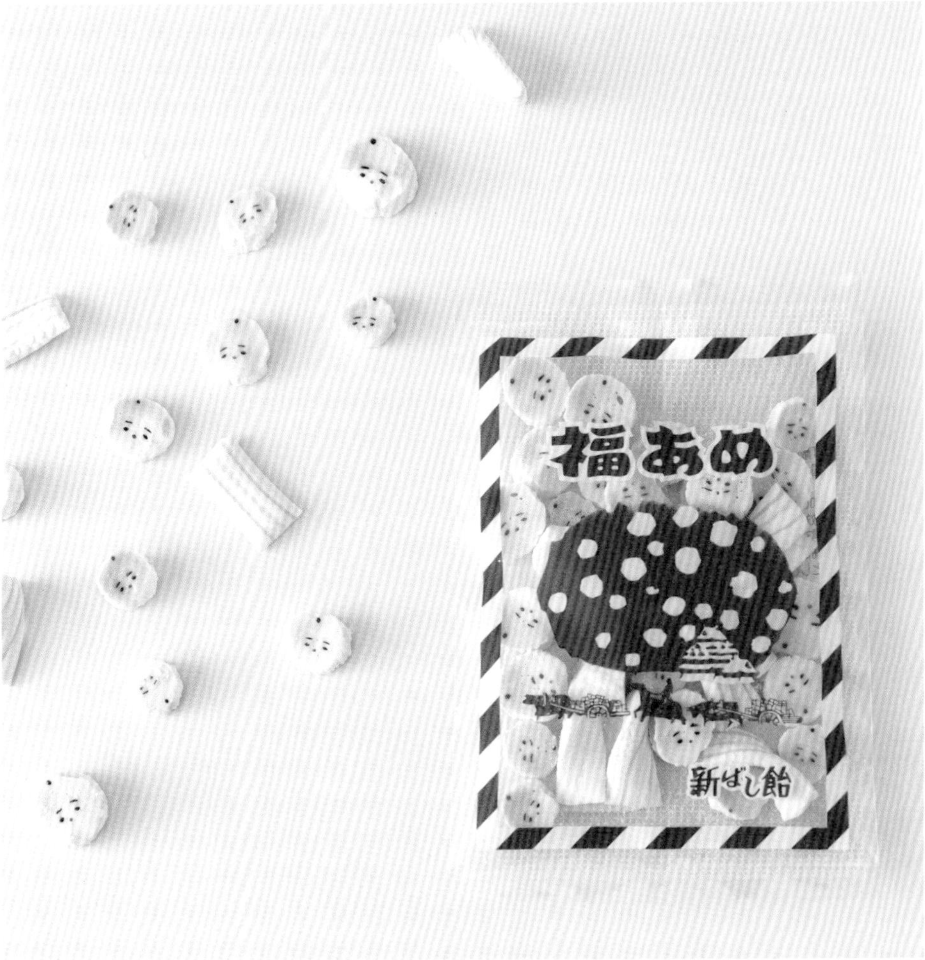

123.

福助さんと塩かますを象った〈新橋屋飴店〉の福あめ

長野県

眺めているとこちらまで目がさがってしまうかわいらしい顔は縁起人形の「福助さん」。福あめは、信州のお祭り「あめ市」の期間（正月明け）だけつくられ、家族の幸せと健康を祈ってお供えする縁起物の飴。砂糖を使わずもち米だけでつくられた優しい甘さが口の中で溶けていきます。福あめ［100g］ 650円／新橋屋飴店

127.

〈青柳〉のくりまん
アトム&ウランちゃん

東京都

『鉄腕アトム』が誕生した高田馬場の老舗和菓子店が手づくり。アトムには栗あん、ウランちゃんには和三盆のこしあん入り。くりまんアトム&ウランちゃん［2個入り］630円／御菓子司 青柳

126.

〈笠屋菓子店〉の
こけし味噌パン

宮城県

創業140年〈笠屋菓子店〉のこけしの顔をしたパンはほんのり味噌風味。味噌パンといって、北海道や東北地方では明治時代からある、親しみ深いおやつ。こけし味噌パン［2個入り］110円／笠屋菓子店

125.

〈分水堂菓子舗〉の
パンダ焼き弥彦むすめ

新潟県

色白お肌のパンダの名前は「ミヨちゃん」。もちもちの食感がたまらないもち米生地の中には、地元名産の枝豆・弥彦むすめの風味豊かなあん入り。パンダ焼き弥彦むすめ160円／分水堂菓子舗

124.

〈efuca.〉のフーガ&
ガールフレンドクッキー

兵庫県

岩塩が少し効いた黒ねこと白ねこのクッキーがギフトボックスに。着色はココアや野菜、果物のパウダーなど天然素材を極力使用。フーガ&ガールフレンドクッキー［4個入り］1360円／efuca.

128. ©Studio Ghibli

131.

〈安本〉の
ピーちゃんおんぶ

静岡県

40年前にうまれた「ピーちゃんおんぶ」は、地元の人に家族ぐるみで愛されているおやつ。黄身あんをカステラで包んだ、手づくりの優しい味わい。ピーちゃんおんぶ170円／手造り菓子の店 安本

130.

〈菓子工房シマヤ〉の
開運たぬきケーキ

三重県

昭和30年代に大ブームになったバタークリームのたぬきケーキ。その後生クリームが台頭し、絶滅危惧種に。〈シマヤ〉は風水の5色に例えた全5味を展開。開運たぬきケーキ300円／菓子工房シマヤ

129.

〈不二家飯田橋神楽坂店〉のペコちゃん焼

東京都

1967年に誕生したペコちゃん焼も、現在買えるのはこの店舗のみ。全10種の中でも一番人気の味はミルキー飴風のクリーム。ペコちゃん焼［ミルキークリーム］200円／不二家飯田橋神楽坂店

128.

〈白髭のシュークリーム工房〉のトトロのシュークリーム

東京都

小径を抜けると現れる一軒家の1階が店舗。シューの中にはたっぷりと滑らかなクリームが。クリームは全9種。トトロのシュークリーム［カスタード&生クリーム］420円／白髭のシュークリーム工房

パッケージにキャラクター

箱や缶や袋に掛け紙、瓶やシールなど、お菓子を包むパッケージにデザインされた、愛らしいキャラクターたちにご注目ください。

132.

小さくてかわいい〈鉢の木〉のこけしみるく

東京都

老舗和菓子店〈鉢の木〉が新たな風を吹かせた、くるみと粒塩入りのミルクのお菓子、こけしみるく。個包装にイラストを入れ、小さなこけしに見立てたアイディアおやつ。郷土玩具のこけしも、文房具ブランド「水縞」の手にかかるとポップな装いに。こけしみるく［6個入り］842円／鉢の木 阿佐ヶ谷本店

136.

〈文左〉のパンダのどら焼

和歌山県

郷土菓子店〈文左〉のどら焼きはパッケージに頭頂部が赤いパンダが。店主曰くどら焼きは「電子レンジで12秒温めてもおいしい」。パンダのどら焼［3個入り］700円（箱代込み）／文左

135.

〈横浜かをり〉の猫ちゃんBOX

神奈川県

1975年に現社長・板倉敬子氏が菓子部門を創設した〈横浜かをり〉。箱のデザインがクラシック。猫ちゃんBOX［レーズンサンド4個、クランベリー2個、マロンサンド2個］1404円／横浜かをり本店

134.

〈おやつとやまねこ〉のやまねこ印の尾道プリン

広島県

瓶中央のやまねこ印は姉妹店〈やまねこカフェ〉のロゴ。箱は、イラストレーター・つるけんたろう氏によるもの。やまねこ印の尾道プリン レモンソース添え［4個入り］1512円／おやつとやまねこ

133.

〈クラブハリエ〉のバームmini渋谷限定箱

東京都

〈クラブハリエ〉定番人気のバームクーヘン。渋谷東急本店限定の「忠犬ハチ公」パッケージは東京みやげに。バームmini［4個入り］（渋谷限定）1728円／たねやクラブハリエ渋谷東急本店

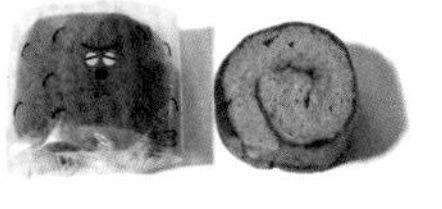

140.

ガンショーくんの
ろっくんろーる

長崎県

軍艦島の広報「ガンショーくん」は、地殻変動でうまれた岩の塊。抹茶生地のロールケーキはROCKのカケラ。ガンショーくんのろっくんろーる［9個入り］1600円／軍艦島デジタルミュージアム

139.

〈バターマスター〉の
缶入りフィナンシェ

東京都

海外アニメのようなキャラが目印。北海道〈町村農場〉のバターなど厳選素材で芳醇。缶入りフィナンシェ［プレーン4個、塩2個、発酵バター2個、コニャック2個］3780円／バターマスター Living room

138.

〈ボンボン〉の
バームクーヘン

愛知県

昭和24年創業、純喫茶のボンボン。箱やシールに用いられているくまのロゴは、初代オーナーの娘が小学生の頃描いた絵なのだそう。バームクーヘン［小］1500円／洋菓子・喫茶 ボンボン

137.

〈フランセ〉の
レモンケーキ

東京都

昭和から喫茶で親しまれているレモンケーキのパッケージもどこかレトロ。レモンのイラストをよく見ると密かに女性が描かれています。レモンケーキ［8個入り］1728円／フランセ 表参道本店

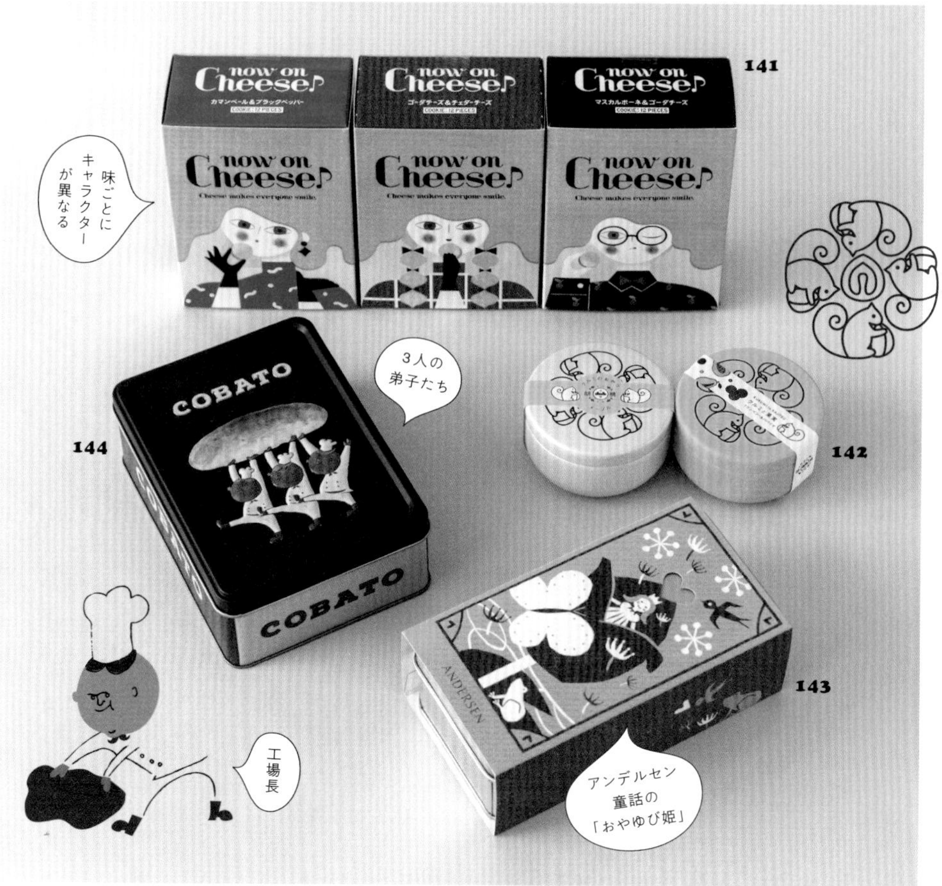

141. パッケージは変更

144.

〈コバトパン工場〉の コバトスペキュロス缶

大阪府

コッペパン専門店の看板キャラはフランスへ修業に出た工場長と、弟子たち。伝統菓子・スペキュロスは工場長が旅先で出合ったお菓子。コバトスペキュロス缶［3枚入り］1620円／コバトパン工場

143.

〈広島アンデルセン〉の 童話クッキー

広島県

店名にちなんだ、アンデルセン童話のクッキーシリーズは華やか。童話クッキー お花畑のおやゆび姫［お話をモチーフにしたクッキー入り257g］他、季節限定で展開。各2700円／広島アンデルセン

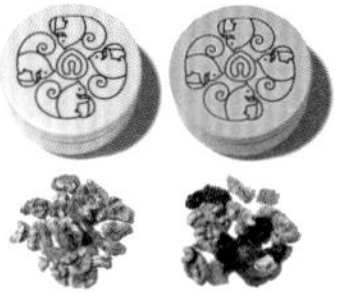

142.

〈大畑の佃煮〉のクルミのおやつ リス缶入り

石川県

老舗佃煮店が佃煮の製法で、くるみをキャラメリゼ。クルミのおやつ（白缶）［メープルシロップ60g］756円、クルミと果実（黄缶）［クランベリー&パパイヤ50g］864円／金沢・釜炊き大畑の佃煮

141.

〈Now on Chesse♪〉の 3種のチーズクッキー

東京都

食べ比べも楽しい。［左から／カマンベール&ブラックペッパー、ゴーダチーズ&チェダーチーズ、マスカルポーネ&ゴーダチーズ／各12枚入り］各864円／Now on Cheese♪ 東急フードショーエッジ店

Column.
愛すべきキャラクターたち「まちクッキー」

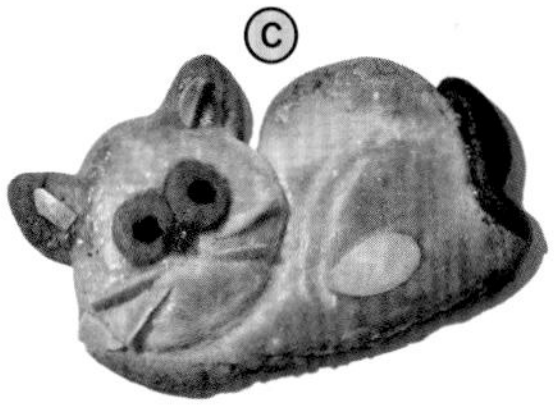

生活圏内。見知らぬ駅や旅先。久しぶりの地元でも。長らくそのまちに根付いているであろう個人経営の和洋菓子屋やパン屋を見つけると、宝箱を見つけたように気持ちがたかぶる。足は小走り、体は前のめり。扉が開いた瞬間に、大きく目を見開いて、店の中をぐるりと見回す。

当店人気NO1、雑誌やテレビで紹介、創業時から続く味、などという説明書きに促されたり、ときにお店の方との会話から、その店の看板商品やまちの名物をカウンターに積み上げる。そうして、さあお会計をと、そのとき。こちらを見つめる視線に気がつく。ああ、そこにいたのね。レジの脇、ショーケースの端、ワゴンの中、たいていは買い物の最後に気づくような控えめな場所で、〝あの子〟たちはけなげに微笑む。ふっくら丸みを帯びた手作りのクッキーは、もともと子どもたちのために作られたのだろう、動物の形をしたのが多い。手作りゆえに一つ一つ見比べると、他の子よりこんがり焼き色がついていたり、反対に色白の子がいたり。アンゼリカやチョ

Ⓐ 1枚1枚手作業で顔のパーツを重ねています

〈藤田製菓〉京都府

真ん丸の目と鼻が愛おしい藤田製菓のクッキーはモチーフが50種類とバラエティ豊か。ピンクや緑の優しい色合いは、合成着色料を使わず表現。「卸売りの会社で、京都の錦市場や東京・阿佐ヶ谷のおせんべい屋さんなど、全国で見かけます」。TELとFAXにて通販可。クッキー各108円／藤田製菓　☎075-841-4121(FAX番号も同じ)

Ⓑ 夫婦と息子で営むパンとケーキ、お菓子のお店

〈モンテローザ〉静岡県

驚くほど細かな細工が施されているクッキーは、「キャラクターごとに表情が異なり、愛を持ってつくっているのが伝わります」。つくっているのは2代目店主。店の前にある幼稚園の子どもたちが喜ぶものをと、型から製作しているそう。通販不可。動物キャラクタークッキー各108円／モンテローザ　☎054-254-0640

Ⓒ JR武蔵小金井駅近くの昔ながらの洋菓子店

〈ポルシェ洋菓子店〉東京都

長年続く街の洋菓子店。店主自らドイツで修業をした経験を基に、菓子やケーキ、クッキーを手づくりしています。クッキーは客のリクエストを受けてつくることも。通販不可。子ねこ172円　はりねずみ172円　いぬ(おすわり)172円　りす162円　ねこ237円(すべてテイクアウト価格)／ポルシェ洋菓子店　☎042-381-9361

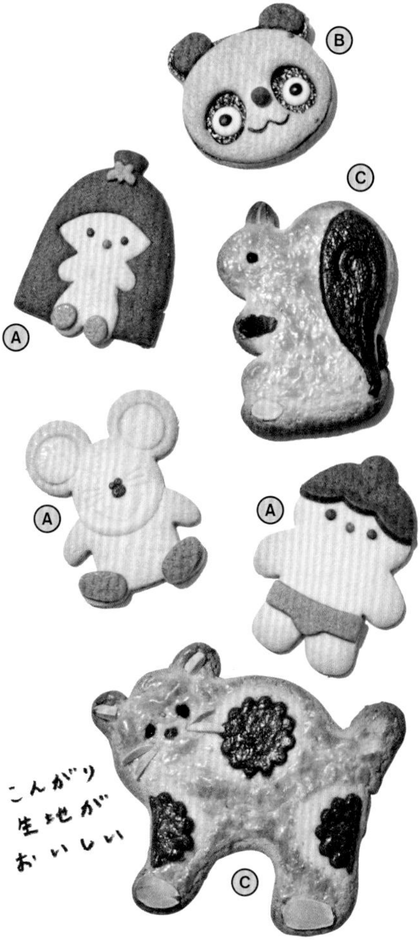

コレートをあしらった目や口などのちょっとした位置の違いで、全く異なる表情に見えるから、なおのこと個性を感じて親しみが芽生える。自分の分、お裾分け分、だいたい同種類を二枚ずつ買って帰り、しばらく飾って、おやつに味わう。シンプルな材料がなによりで、素朴な味わいにほっと和む。

どのまちにも必ずある昔ながらの中華食堂を「町中華」と称して愛好する人が増えているけれど、私が愛してやまないとびきりチャーミングなクッキーもまた、「まちクッキー」と呼びたくなる。一枚ほんの数百円で、こんなにも幸せな気持ちになれるとは。お菓子屋さん、パン屋さん、愛しのまちクッキーたちよ、この世界に生まれてきてくれて、ありがとう。

※本文は、anan特別編集「Olive」(2020年5月1日発行)©マガジンハウスより転載。

さくいん

番号を振った掲載商品のお問い合わせ先です。2021年10月時点のもののため、状況により情報が変動することがありますのでご了承ください。

北海道

07. VOSTOK《ヴォストーク》 labo《ラボ》

北海道根室市光和町2-10
☎0153-24-0555
時休アトリエを店舗としてオープンする日時は事前にインスタグラム（@vostok_labo）にて告知。 vostoklabo.theshop.jp
P12掲載商品／HPにて通販可

10. カフェドゥザザ

北海道札幌市中央区北1条西27丁目1-7 シャトー円山2F ☎なし 時10時～19時
休水・木 cafedezaza.thebase.in
P 14掲載商品／HPのCONTACTより予約注文可（備考欄にお花のジャムクッキー予約と明記）

74. 六花亭 帯広本店

北海道帯広市西二条南9-6
0120-12-6666
時1F店舗9時～18時・2F喫茶室11時～L.O.16時 ※どちらも季節によって変動あり
休1F無休・2F水 www.rokkatei.co.jp
P57掲載商品／通販不可

93. 米倉商店

北海道中川郡池田町大通1-27
☎015-572-2032 時9時～18時 休木
P72掲載商品／TELにて通販可

103. 北海まりも製菓

北海道釧路市阿寒町阿寒湖温泉2-4-10
☎0154-67-2927 時約9時～17時
休不定休
hokkai-marimoseika.jimdofree.com
P77掲載商品／TELにて通販可

108. 三月の羊

北海道亀田郡七飯町上軍川9-11
☎0138-67-2077 時10時～16時
休月～水 rumlamb.tea-nifty.com
P92掲載商品／HP、TEL、FAX（TELと同じ）にて通販可

青森県

13. 佐藤製菓工場直売所

青森県弘前市大字津賀野字宮崎68
☎0172-34-3356
時13時～17時
休水・日 www.tsugaru-atemono.jp
P16掲載商品／HPにて通販可（受注生産）

107. 住吉屋 松宗菓子店

青森県三戸郡三戸町大字二日町50
☎0179-22-2719
時8時～19時 休不定休（ほぼ無休）
matsuso-kashiten.com
P90～91掲載商品／HP、TEL、FAX（TELの下4桁2774）にて通販可

岩手県

78. 岩手路

岩手県盛岡市盛岡駅前通1-44
盛岡駅ビルフェザン おでんせ館内
☎019-654-7671
時9時～20時半
休元日（その他は施設に準ずる）
P59掲載商品／通販不可

81. 創菓工房 みやざわ

岩手県盛岡市青山3-18-10
☎019-647-0048 時9時～19時
休第3火・元日
P60掲載商品／TEL、FAX（646-1380）、メールにて通販可

>>81の駅から近い店

岩手菓子倶楽部内 創菓工房みやざわ

岩手県盛岡市盛岡駅前通1-44
盛岡駅ビルフェザン おでんせ館内
☎019-654-7661 時9時～20時半
休不定休

宮城県

83. 松華堂菓子店 五大堂前本店

宮城県宮城郡松島町松島字町内109 2F
☎022-355-5002
時10時～17時（喫茶室L.O.16時半）
休火（時期で異なる場合あり）
jp.shokado.eu/
P60掲載商品／本店のみTEL、FAX（TELと同じ）にて通販可

>>83の駅から近い店

松華堂菓子店 エスパル仙台店

宮城県仙台市青葉区中央1-1-1 エスパル仙台本館地下1Fおみやげ通り内
☎022-224-1103 時9時～21時
休施設に準じる

126. 笠屋菓子店

宮城県石巻市中央1-12-14
☎0225-22-0408 時9時～18時
休不定休 P112掲載商品／通販不可

秋田県

72. 三松堂

秋田県秋田市中通5-7-8
☎018-833-8401 時9時～18時
休日・祝 www.wagashi-otoriyose.jp
P57掲載商品／HP、FAX（TELの下4桁8411）にて通販可

>>72の駅から近い店

三松堂トピコ店

秋田県秋田市中通7-2-1
☎018-889-3583 時8時～20時 休無休

山形県

54. たかはたファーム

山形県東置賜郡高畠町大字入生田100
☎0238-57-4401 時8時半～17時半
休土・日・祝・夏季、年末年始指定休業日
www.takahata-farm.co.jp
P41掲載商品／HPにて通販可

福島県

65. 菓子処まつもと

福島県二本松市亀谷2-220
☎0243-22-0935 時8時～19時
休水・元日 P51掲載商品／FAX（TELの下4桁7700）、Facebook（@nihonnmatsu.matsumotoya）にて通販可（コレクトのみ）

110. 長門屋本店

福島県会津若松市川原町2-10
☎0242-27-1358 時9時半～17時
休無休（年末年始を除く） nagatoya.net
P94掲載商品／HP、TEL、FAX（26-4772）にて通販可

20. シャルマン・グルマン
※オンラインショップ

info@charmant-g.comもしくはオンラインショップお問い合わせフォームより
www.charmant-g.shop/
P21掲載商品／HPにて通販可

28. HIROTA 新橋駅前店

東京都港区新橋2-6-8
☎03-3503-1201
時月～金 10時～22時（土・日・祝～21時）
休無休　www.the-hirota.co.jp
P23掲載商品／HPにて通販可

29. 元祖 塩大福 みずの

東京都豊島区巣鴨3-33-3
☎03-3910-4652
時9時～18時半
休不定休　shiodaifuku.co.jp
P 23掲載商品／TEL、FAX（TELの下4桁6144）、通販専用サイト（www.happybaby.jp/i/kousagi-monaka05#）にて通販可

31. POMOLOGY 伊勢丹新宿店

東京都新宿区新宿3-14-1
伊勢丹新宿店 本館地下1階
カフェ エ シュクレ
☎03-3352-1111（大代表）
時10時～20時
休不定休
P 26掲載商品／三越伊勢丹オンラインストア（www.mistore.jp/shopping/brand/list?brand＝011012）にて通販可

32. 御菓子司 白樺

東京都墨田区江東橋2-8-11
☎03-3631-6255
時8時～18時
休月は定休・火は不定休　shirakaba.site
P27掲載商品／HP、TELにて通販可

33. 人形焼山田家

東京都墨田区江東橋3-8-11
☎03-3634-5599
時10時～18時
休水　www.yamada8.com
P28掲載商品／HPにて通販可

36. TOKYOチューリップローズ 西武池袋店

東京都豊島区 南池袋1-28-1
西武池袋本店 B1F西武食品館（北B3）
☎03-3981-0111（大代表）
時月～土10時～21時（日・祝～20時）
休施設に準ずる　www.tuliprose.jp
P29掲載商品／通販不可

>> 82の駅から近い店

高崎じまん

群馬県高崎市八島町46-1
高崎オーパ1F
☎027-381-6967
時9時～21時
休施設に準ずる

埼玉県

79. 梅林堂 箱田本店

埼玉県熊谷市箱田6-6-15
0120-889-449
時10時～18時
休無休　www.bairindo.co.jp/
P59掲載商品／HP、TELにて通販可

>> 79の駅から近い店

梅林堂 エキュート大宮店

埼玉県さいたま市大宮区錦町630
エキュート大宮内
☎048-643-1411
時月～土8時～22時（日・祝～20時半）
休無休

千葉県

88. パパブブレ そごう千葉店

千葉県千葉市中央区新町1001
そごう千葉 別館1F
☎043-304-5525
時休施設に準ずる　www.papabubble.jp
P69掲載商品／通販不可

東京都

11. Mr.《ミスター》 CHEESECAKE《チーズケーキ》
※オンラインショップ

住所、☎、時不掲載　休土・日・祝
※Mr. CHEESECAKEの販売は日・月。
問い合わせは平日のみ。
mr-cheesecake.com
P15掲載商品／HPにて通販可

14. パティスリー ル・ポミエ 北沢本店

東京都世田谷区北沢4-25-11
☎03-3466-3730
時11時～19時半　休不定休
www.lepommier-patisserie.jp
P16掲載商品／HPにて通販可

茨城県

25. ファームクーヘン フカサク

茨城県鉾田市台濁沢371-2
☎0291-35-5870　時9時半～18時
休無休　farmkuchen.com
P22掲載商品／HPにて通販可

栃木県

27. バターのいとこ

栃木県那須郡那須町高久乙2905-25
☎0287-62-2100　時10時～16時
休第2木　butternoitoko.com
P23掲載商品／HPにて詰め合わせセットのみ通販可

97. 下野菓子処うさぎや

栃木県宇都宮市伝馬町4-5
☎028-634-6810　時8時半～18時
休水　www.usagimonaka.com
P 74掲載商品／HP、TEL、FAX（TELの下4桁1295）にて通販可

群馬県

62. 伊勢屋

群馬県太田市東本町24-23
☎0276-22-2858　時9時～18時半
休水（月1回連休あり）
P48掲載商品／TEL後にFAX（TELと同じ）もしくはメールにて通販可

80. シロフジ製パン所

群馬県桐生市相生町1-298-9
☎0277-53-5115　時10時～18時
休月・第2第4日　shirofuji.ocnk.net
P59掲載商品／HP、TELにて通販可

>> 80の駅から近い店

群馬いろは

群馬県高崎市八島町222 イーサイト高崎内
☎027-321-0067
時月～土9時～21時（日・祝～20時）
休無休

82. プティ・ポンム

群馬県高崎市筑縄町57-6
☎027-361-0254　時9時半～18時半
休不定休　petitepomme.shop-pro.jp
P60掲載商品／HPにて通販可

90. TAYORI BAKE

東京都文京区千駄木3-45-4
☎03-5834-2656
時木・金12時～20時（土・日・祝～18時）
休月～水
P70掲載商品／webshop（webshop.tayori.info）にて通販可

91. CARAMEL《キャラメル》 MONDAY《マンデー》

東京都新宿区新宿4-1-6
NEWoMan新宿 2F エキソト
☎03-3355-7000
時月～金10時～21時半（土・日・祝～21時）
休施設に準ずる
www.caramelmonday.com
P70掲載商品／HPにて通販可

99. メゾン ロミ・ユニ

東京都目黒区鷹番3-7-17
☎03-6666-5131
時10時～19時
休無休 www.romi-unie.jp
P75掲載商品／HPにて通販可

101. タルティン 東武百貨店 池袋店

東京都豊島区西池袋1-1-25 B1
☎03-5992-8180
時10時～20時
休不定休 www.tartine.jp
P76掲載商品／通販はHPにて要確認

102. オードリー 高島屋日本橋店

東京都中央区日本橋2-4-1 B1
☎03-3211-4111（大代表）
時10時半～19時半（百貨店に準ずる）
休百貨店に準ずる
www.takashimaya.co.jp
P77掲載商品／通販不可

105. ピュアココ 二子玉川 東急フードショー店

東京都世田谷区玉川2-21-1 二子玉川ライズ・ショッピングセンター地下1F
☎03-6805-7297
時施設に準ずる
休無休 shop.purecoco.jp
P78掲載商品／HPにて通販可

109. やきがしやシュシュクル

東京都世田谷区下馬2-2-18-B1
☎03-5856-6284 時日・月・火10時～17時（金・土～19時）※5月～11月、12時～17時（金・土～19時）※12月～4月
休水・木 www.susucre.com
P 93掲載商品／HP、TEL、FAX（TELの下4桁6285）にて通販可

51. 和菓子 結 NEWoMan新宿店

東京都渋谷区千駄ヶ谷5丁目24-55
NEWoMan新宿2F エキナカ
☎03-3353-5521
時月～金8時半～21時半（土・日・祝～21時）
休施設に準ずる
www.wagashi-yui.tokyo
P39掲載商品／通販不可

52. NUMBER SUGAR 表参道店

東京都渋谷区神宮前5-11-11
☎03-6427-3334 時11時～20時
休無休 numbersugar.jp
P40掲載商品／
HPにて期間限定で通販可

58. トラヤあんスタンド北青山店

東京都港区北青山3-12-16
☎03-6450-6720
時11時～19時
休第2第4水・年末年始
www.toraya-group.co.jp/anstand
P42掲載商品／通販不可

60. ルコント 広尾本店

※2021年秋移転予定

東京都港区南麻布5-16-13
☎03-3447-7600
時月～金9時～19時、
土・日・祝10時半～19時
休不定休 a-lecomte.com
P43掲載商品／HPにて通販可

61. 資生堂パーラー 銀座本店ショップ

東京都中央区銀座8-8-3
東京銀座資生堂ビル1F
☎03-3572-2147 時11時～21時
休無休（年末年始を除く）
parlour.shiseido.co.jp
P43掲載商品／通販不可

87. メリーチョコレートカムパニー

東京都大田区大森西7-1-14
☎03-3763-0361
時9時～17時
休土・日・祝 www.mary.co.jp
P68掲載商品／HPにて通販可

89. 榮太樓總本鋪 日本橋本店

東京都中央区日本橋1-2-5
☎03-3271-7785
時10時～18時
休日・祝 www.eitaro.com
P69掲載商品／HPにて通販可

37. さかぐち

東京都千代田区九段北4-1-5
☎03-3265-8601
時月～金9時半～19時（土～17時）
休日・祝
www.stage9.or.jp/sakaguchi/
P30掲載商品／TEL、FAX（TELの下4桁8603）、メールにて通販可

38. 東京會舘 スイーツ＆ギフト

東京都千代田区丸の内3-2-1
東京會舘 本舘1F
☎03-3215-2015
時10時～20時
休無休（年末年始を除く）
www.kaikan.co.jp
P31掲載商品／HPにて通販可

39. アトリエうかい エキュート品川

東京都港区高輪3-26-27
JR東日本 品川駅構内 エキュート品川1F
☎03-3280-5505
時月～土8時～22時（日・祝～20時半）
休無休 www.ukai.co.jp/atelier/
P31掲載商品／HPにて通販可（電話での予約・取り寄せ・取り置きは不可）

44. コロンバン新宿小田急本館店

東京都新宿区西新宿1-1-3
小田急百貨店新宿店本館B2F
☎03-3349-0045
時月～土10時～20時半（日・祝～20時）
休百貨店に準ずる
www.colombin.co.jp
P34掲載商品／通販不可

45. オーボンヴュータン尾山台店

東京都世田谷区等々力2-1-3
☎03-3703-8428
時9時～18時
休火・水 aubonvieuxtemps.jp
P35掲載商品／通販不可

46. グマイナー 高島屋日本橋店

東京都中央区日本橋2-4-1 B1
☎03-3273-7881
時10時半～19時半（百貨店に準ずる）
休百貨店に準ずる www.konditorei.jp
P36掲載商品／HPにて通販可

47. ドルチェマリリッサ 表参道

東京都渋谷区神宮前5-2-23
☎03-3409-3086
時11時～20時
休無休（年末年始を除く） maririsa.co.jp
P37掲載商品／HPにて通販可

新潟県

04. ヒッコリースリートラベラーズ

新潟県新潟市中央区古町通3番町556番地　☎025-228-5739
時11時～18時
休月（祝日の場合は翌日）
h03tr.shop-pro.jp
P10掲載商品／HPにて通販可

111. マツヤ

新潟県新潟市中央区幸西1-2-6
☎025-244-0255
時9時～18時
休日・月（祝日は営業）
www.choco-matsuya.com
P95掲載商品／HP、TEL、FAX（246-4876）にて通販可

112. 越乃雪本舗大和屋

新潟県長岡市柳原町3-3
☎0258-35-3533
時9時～17時半
休水・日
www.koshinoyuki-yamatoya.co.jp
P96掲載商品／HP、TEL、FAX（34-5652）にて通販可

125. 分水堂菓子舗

新潟県西蒲原郡弥彦村弥彦1041-1
☎0256-94-2282
時9時～16時
休水・第3木
www.facebook.com/panda.yahiko
P112掲載商品／通販不可

富山県

69. 菓子司 林昌堂

富山県富山市新保42-3
☎076-456-6565
時8時半～18時
休不定休
kuromitsu-tamaten.com
P56掲載商品／HP、TEL、FAX（TELの下4桁2344）にて通販可

>> 69の駅から近い店

菓子司 林昌堂 きときと市場とやマルシェ店

富山県富山市明輪町1-220
☎076-471-8125
時8時半～20時半
休元日

132. 鉢の木 阿佐ヶ谷本店

東京都杉並区阿佐谷南2-15-4
☎03-3311-6917　時9時～19時半
休不定休　www.hachinoki.com
P114掲載商品／HPにて通販可

133. たねやクラブハリエ 渋谷東急本店

東京都渋谷区道玄坂2-24-1 東急百貨店渋谷本店B1F　☎03-3477-3386
時休施設に準ずる　taneya.jp
P115掲載商品／通販不可（通常パッケージの通販は可）

137. フランセ 表参道本店

東京都港区南青山5-6-3
メーゾンブランシュII 2F
☎03-6427-2240
時11時～19時（カフェL.O.18時）
休無休（年末年始を除く）
www.francais.jp
P116掲載商品／HPにて通販可

139. バターマスター Living room

東京都杉並区和泉1-23-17
☎03-6304-3269　時12時～18時
休不定休（インスタグラムにて告知）
butter-mass-ter.storeinfo.jp
P116掲載商品／HPにて通販可

141. Now on Cheese♪ 東急フードショーエッジ店

東京都渋谷区渋谷2-24-12 渋谷スクランブルスクエア ショップ&レストラン 1F
☎03-6450-5444　時11時～21時
休施設に準ずる　nowoncheese.jp
P117掲載商品／HPにて通販可

神奈川県

100. 豊島屋洋菓子舗 置石

神奈川県鎌倉市小町2-15-5
☎0467-22-8102
時1F10時～18時・2F11時～17時
休水（祝日は営業）　www.hato.co.jp
P75掲載商品／通販不可

135. 横浜かをり本店

神奈川県横浜市中区山下町70番地
☎045-681-4401
時月～金10時～19時、土・日・祝11時～19時　休無休（夏季・年始に休業日あり）
kawori.co.jp
P115掲載商品／HPにて通販可

113. 菓子工房ルスルス浅草店

東京都台東区浅草3-31-7
☎03-6240-6601　時12時～19時
休月～水（臨時休業あり） www.rusurusu.com
P97掲載商品／HP、FAX（TELと同じ）にて通販可

114. ピープルツリー 自由が丘店

東京都目黒区自由が丘3-7-2
☎03-5701-3361　時11時～20時
休年末年始　www.peopletree.co.jp
P98～99掲載商品／HPにて通販可
秋冬限定（例年10月下旬～翌4月下旬頃まで）

116. フェアリーケーキフェア グランスタ東京

東京都千代田区丸の内1-9-1 JR東日本東京駅構内B1 グランスタ東京（銀の鈴前）
☎03-3211-0055　時月～土 8時～22時（日・祝～21時）　休施設に準ずる　fairycake.jp
P100掲載商品／HPにて通販可

119. Berry UP! HANAGATAYA グランスタ東京中央通路店

東京都千代田区丸の内1-9-1 JR東日本東京駅構内1F改札内 HANAGATAYA グランスタ東京中央通路店
0120-39-8507　時7時～21時半
休施設に準ずる　berryup.jp
P103掲載商品／HPにて通販可

120. レピドール田園調布

東京都大田区田園調布3-24-14
☎03-3722-0141　時9時～19時
休水　www.lepi-dor.co.jp
P104掲載商品／HP、TEL、FAX（TELの下4桁2205）にて通販可

127. 御菓子司 青柳

東京都新宿区高田馬場4-13-12
☎03-3371-8951　時10時～18時
休日・祝・年末年始
P112掲載商品／通販不可

128. 白髭のシュークリーム工房

東京都世田谷区代田5-3-1
☎03-5787-6221　時10時半～19時
休火（祝日の場合は翌日）　www.shiro-hige.net
P113掲載商品／通販不可

129. 不二家飯田橋神楽坂店

東京都新宿区神楽坂1-12
☎03-3269-1526　時10時～20時
休無休　pekochanyaki.jp/index.html
P113掲載商品／通販不可

48. 五穀屋

静岡県浜松市浜北区染地台6-7-11
nicoe内　☎053-587-7778
時10時～18時（イートインL.O.17時）
休月・火　gokokuya.jp
P38掲載商品／HP、TEL（0120-60-5678）にて通販可

96. IFNi《イフニ》 ROASTING《ロースティング》 & CO.《コー》

静岡県静岡市葵区水道町125
☎054-255-0122
時12時～18時　休水・木
www.ifni-roastingandco.com
P73掲載商品／HPにて通販可

131. 手造り菓子の店 安本

静岡県沼津市新宿町15-12
☎055-921-6509
時9時半～19時　休日
P 113掲載商品／TEL、FAX（TELと同じ）にて通販可（コレクトのみ）

愛知県

43. 京菓子司 亀広良

愛知県名古屋市西区上名古屋1-9-26
☎052-531-3494
時9時～18時　休水・第2第4火
www.kamehiroyoshi.com
P 33掲載商品／FAX（TELと同じ）にて通販可

56. あられの匠 白木

愛知県名古屋市北区元志賀町1-57
☎052-981-1818
時月～金9時半～18時半、
土・日・祝10時～17時
休祝日の月曜　www.arareya.com
P41掲載商品／HPにて通販可

71. 東海寿

愛知県名古屋市中村区亀島1-1-1
0120-717-677
時8時半～17時半
休日　tokaikotobuki.jp
P56掲載商品／TELにて通販可

>> 71の駅から近い店

グランドキヨスク名古屋

愛知県名古屋市中村区名駅1-1-4
JR名古屋駅構内
☎052 -562 -6151（名古屋ショップマネージャー室）
時6時15分～22時　休無休

長野県

41. アップルアンドローゼス

長野県安曇野市穂高有明8161-1
☎0263-31-0655　時10時～17時
休火（冬季は火・水）　apple-roses.com
P32掲載商品／HPにて通販可

50. 九九《くく》や旬粋《しゅんすい》

長野県長野市元善町486 善光寺仲見世通り　☎026-235-5557
時9時～17時（季節やイベントにより変動あり）
休無休　www.syunsui.com
P39掲載商品／HPにて通販可

123. 新橋屋飴店

長野県松本市新橋3-21
☎0263-32-1029　時9時～18時
休無休　www.shinbashiame.info
P111掲載商品／HP、TELにて通販可

岐阜県

53, 66. 山本佐太郎商店

岐阜県岐阜市松屋町17
☎058-262-0432　時9時～17時
休第2第4土、日・祝　www.m-karintou.com
P 40、52～53掲載商品／HP、TELにて通販可

75. いっぷく処 あけぼのや

岐阜県高山市上二之町65
☎090-5859-4225　時10時～16時
休不定休　www.maruden-ikedaya.com
P 58掲載商品／HP、TEL、FAX（0577-33-8250）にて通販可

>> 75の駅から近い店

ベルマートキヨスク高山

岐阜県高山市昭和町1-1　☎0577-36-2166
時6時15分～19時　休無休

静岡県

01. コンディトライミーネ

静岡県三島市西旭ヶ丘4041-10
☎055-972-8836
時10時～売り切れ次第閉店
休月～金　www.konditorei-mine.jp
P8掲載商品／HPにて通販可（予約不可。抽選販売）

石川県

24. メルヘン日進堂

石川県珠洲市上戸町北方イ字49-1
☎0768-82-0106
時9時～17時半
休水（祝日は営業）
www.meruhen-nissindo.com
P22掲載商品／HPにて通販可

142. 金沢・釜炊き大畑の佃煮

石川県金沢市大野町4丁目り170番地4
☎076-268-7711
時9時～17時
休水・日・祝
oohata.jp
P117掲載商品／HPにて通販可

福井県

77. お菓子処 丸岡家

福井県福井市春山2-18-18
☎0776-22-5394
時8時半～18時
休火（祝日は営業）
www.maruokaya-fukui.com/
P58掲載商品／TEL、FAX（TELと同じ）にて通販可

>> 77の駅から近い店

福福館

福井県福井市中央1-2-1 ハピリン内
☎0776-20-2929
時10時～22時　休無休

山梨県

26. シフォン富士

山梨県富士吉田市大明見2-23-44
☎0555-24-8488
時10時～18時
休火・第4水
chiffonfuji.jp
P22掲載商品／HP、TELにて通販可

94. 八雲製菓

山梨県甲府市池田2-4-23
☎055-253-4111
時9時～17時
休土・日・祝
www.yagumo-seika.jp
P72掲載商品／TELにて通販可

18. TABLES《タブレス》 CoffeeBakery《コーヒーベーカリー》 & Diner《ダイナー》

大阪府大阪市西区南堀江2-9-10
☎06-6578-1022
時11時～23時　休不定休
www.tables-coffeebakerydiner.com
P19掲載商品／HPにて通販可

144. コバトパン工場

大阪府大阪市北区天満3-4-22　☎06-6354-5810　時月・火・木・金8時～19時(土・日・祝～18時)　休水　batongroup.shop-pro.jp　P117掲載商品／HPにて通販可

兵庫県

15. Sweets & Books キノシタ

兵庫県豊岡市日高町国分寺24-1
☎050-7103-1404　時10時～19時
休日・月　cafe-kinoshita.com
P17掲載商品／HPにて通販可

34. ケーキハウス フォンテーヌブロー

兵庫県神戸市中央区花隈町33-12
☎078-351-4884　時10時～20時
休火・第3月　www.fontainebleau-kobe.com/
P28掲載商品／HPにて通販可

35. マモン・エ・フィーユ

兵庫県神戸市東灘区御影2-34-20
グレイスリー御影1F　☎078-414-7842
時11時～18時　休火　me-f.jp
P29掲載商品／HPにて通販可

49. ELEPHANT RING

兵庫県芦屋市大桝町4-20-1 1F
☎0797-61-8882　時11時～17時
休火　elephant-ring.com
P38掲載商品／HPにて通販可

92. G線

兵庫県神戸市中央区神若通7-2-7
☎078-241-1101　時9時半～18時半
休水　www.g-sen.com
P71掲載商品／HPにて通販可

98. シャトロワ

兵庫県神戸市中央区東川崎町1-6-1
umieモザイク2階
☎078-326-1060　時10時～20時
休施設に準ずる　www.chatrois.jp
P74掲載商品／神戸居留地マルシェ(www.rakuten.ne.jp/gold/kmarche/)にて通販可

京都府

06. 都松庵

京都府京都市中京区堀川三条下ル下八文字町709
☎075-811-9288　時10時～18時半
休第1水(月により第2)　www.toshoan.com
P11掲載商品／
HP、TEL、FAX(801-1658)にて通販可

08. 伊藤軒／SOU・SOU

京都府京都市下京区烏丸通塩小路下ル東塩小路町 ジェイアール京都伊勢丹B1F
☎075-352-1111(大代表)
時10時～20時　休無休
www.sousou.co.jp/other/itoken-sousou/
P12掲載商品／
リニューアル商品はHP、TELにて通販可

40. ショコラトリー ヒサシ

京都府京都市東山区夷町166-16
☎075-744-0310
時10時半～18時
休月・火(HPで要確認)
www.chocolaterie-hisashi-kyoto.com/
P32掲載商品／
HPにて通販可(クレジット決済のみ)

42. UCHU wagashi 寺町本店

京都府京都市上京区寺町通
丸太町上ル信富町307
☎075-754-8538
時10時～17時
休火・水　uchu-wagashi.jp
P33掲載商品／HPにて通販可

59. 亀屋良長

京都府京都市下京区四条通油小路西入柏屋町17番、19番合地
☎075-221-2005　時9時半～18時
休無休(元日、1月2日は休み)
kameya-yoshinaga.com
P42掲載商品／HPにて通販可

大阪府

09. 純喫茶アメリカン

大阪府大阪市中央区道頓堀1-7-4
☎06-6211-2100　時9時～23時
休木(月3回不定休)
www.junkissa-american.com
P13掲載商品／TEL、店頭にて2個より注文可(支払い方法は、店頭は現金、郵送は現金書留のみ)

138. 洋菓子・喫茶 ボンボン

愛知県名古屋市東区泉2-1-22
☎052-931-0442
時8時～21時　休無休(年に数回不定休)
cake-bonbon.com
P116掲載商品／TELにて通販可

三重県

19. 冷凍プリンソフト

三重県伊勢市朝熊町4383番地469
☎0596-68-9022　時10時～17時
休水　reitouprinsoft.com
P20掲載商品／HP、TEL、メールにて通販可

70. とらや勝月

三重県鈴鹿市三日市町1871-15
☎059-382-1916
時月・水～土8時～19時(日～18時)
休火・第2月　www.toraya-e.com
P56掲載商品／HP、TELにて通販可

>> 70の駅から近い店

ファミリーマート近鉄白子駅改札外橋上店

三重県鈴鹿市白子駅前22-1
☎059-380-2301
時6時～22時半　休無休

117. DE《デ》 CARNERO《カルネロ》 CASTE《カステ》 三重本店

三重県津市長岡町3060-1
☎059-253-3333　時11時～18時
休無休　decarnerocaste.net
P101掲載商品／HPにて通販可

130. 菓子工房シマヤ

三重県志摩市志摩町和具851-4
☎0599-85-0429　時9時半～19時
休水・火(月2回不定)　tanuki-cake.com
P113掲載商品／HPにて通販可

滋賀県

03. 糸切餅 元祖 莚寿堂本舗

滋賀県犬上郡多賀町多賀599
☎0749-48-0800
時9時～17時(売り切れ次第閉店。毎月1日は7時半～)
休水(1・11月を除く)　itokirimochi.com
P9掲載商品／HPにて通販可

山口県

05. ボナペティ

山口県宇部市東新川町4-13
☎0836-38-1231
時9時半～19時　休無休
patissier-bonappetit.jimdofree.com
P11掲載商品／HPにて通販可

徳島県

76. あづまや製菓

徳島県美馬郡つるぎ町貞光字町40
☎0883-62-2105
時8時半～19時　休火・第3日
kinrobai.com/smarts/index/1/
P58掲載商品／HPにて通販可

>> 76の駅から近い店

おみやげ一番館

徳島県徳島市寺島本町西1-61
クレメントプラザB1F
☎088-656-3133　時10時～20時
休不定休

香川県

22. かがわ物産館「栗林庵《りつりんあん》」

香川県高松市栗林町1-20-16
☎087-812-3155
時10時～18時（季節によって変動あり）
休無休　www.ritsurinan.jp
P21掲載商品／HPにて通販可

愛媛県

63. とらや一甫 本店

愛媛県西条市大町856-13
☎0897-55-3555
時8時半～19時半
休第2・第4水
P49掲載商品／通販不可

63. とらや一甫 玉津店

愛媛県西条市玉津613-5
☎0897-47-6713
時10時～19時
休火
P49掲載商品／TEL、FAX（TELと同じ）にて通販可

岡山県

55. ノーイン

岡山県岡山市北区富町2-5-27
☎086-252-1616　時9時～17時半
休土・日・祝　www.kurocafe.net
P41掲載商品／卸専用商品のため自社HPでは通販不可
三洋堂（www.isanyodo.com）などで販売

118. 廣榮堂武田 中納言店

岡山県岡山市中区中納言町7-33
☎086-272-2265　時8時～17時
休元日　koeidotakeda.jp
P102掲載商品／HP、TEL、FAX（TELの下4桁1852）にて通販可

広島県

02. 西洋菓子 無花果

広島県広島市佐伯区楽々園3-13-2
☎082-922-2080　時10時～20時
休無休（12月31日～1月3日休み）
www.ichijiku.com
P8掲載商品／HP、TEL、FAX（923-1360）にて通販可

64. ONOMICHI U2（SHIMA SHOP）

広島県尾道市西御所町5-11
☎0848-21-0550　時10時～19時
休無休　onomichi-u2.com
P50掲載商品／HPにて通販可（11月～3月頃販売。SATSUKIのHP　satsuki-onomichi.stores.jpでは通年購入可）

95. エーデルワイス洋菓子店

広島県呉市本通3-4-6
☎0823-21-0637　時9時～18時
休月　P73掲載商品／通販不可

134. おやつとやまねこ

広島県尾道市東御所町3-1
☎0848-23-5082　時11時～17時（売り切れ次第閉店）　休月・火（祝日の場合変更有）
www.ittoku-go.com/oyatsu
P115掲載商品／HPにて通販可

143. 広島アンデルセン

広島県広島市中区本通7-1
☎082-247-2403　時10時～19時
休不定休
www.andersen.co.jp/hiroshima
P117掲載商品／HPにて通販可

124. efuca.《エフカ》

兵庫県芦屋市茶屋之町6-14（店舗なし）
☎0797-31-2023
時休不掲載　www.efuca.com
P112掲載商品／HPにて通販可

奈良県

16. オカシヤ キイロ（ナナツモリ）

奈良県北葛城郡上牧町片岡台1-19-4
☎0745-72-2523　時10時～17時
休火・第3水　nana-tsumori.com
P18掲載商品／HPにて通販可

和歌山県

106, 115. 菓匠 二宮

和歌山県田辺市下屋敷町27
☎0739-22-1001
時9時～18時（喫茶L.O.16時半）
休水・火（月1回）
www.amato-ninomiya.com
P79、P98～99掲載商品／HPにて通販可

136. 文左

和歌山県田辺市高雄1-22-9
☎0739-22-9955
時9時～18時　休日
www3.hp-ez.com/hp/bunza/page1
P115掲載商品／TEL、FAX（24-3233）にて通販可

鳥取県

67. 亀井堂1903

鳥取県鳥取市徳尾122
☎0857-22-2100　時10時～14時
休土・祝　www.kameido-inc.com
P54掲載商品／通販不可

島根県

23. いづも寒天工房 出雲大社参道本店

島根県出雲市大社町杵築南1364-11
0120-720-225
時11時～16時
休不定休　izumokantenkobo.com
P22掲載商品／HPにて通販可

85. 梅月堂

鹿児島県日置市東市来町湯田3320
☎099-274-2421
時10時～16時
休日
yunomoto-baigetsudou.com
P61掲載商品／HPにて通販可

>>85の駅から近い店
鹿児島銘品蔵

鹿児島県鹿児島市中央町1-1
さつまち鹿児島中央駅みやげ横丁内
☎099-812-7660
時7時～21時
休無休

86. パティスリーヤナギムラ 武岡本店

鹿児島県鹿児島市武岡1-19-3
☎099-283-0382
時10時～19時
休不定休
www.yanagimura.com
P 61掲載商品／HP、TEL、FAX（TELの下4桁0396）にて通販可

>>86の駅から近い店
パティスリーヤナギムラ 鹿児島中央駅店

鹿児島県鹿児島市中央町1-1
さつまち鹿児島中央駅みやげ横丁内
☎099-257-7199
時8時～21時
休施設に準ずる

沖縄県

30. 黒糖カヌレほうき星港川本店

沖縄県浦添市港川2-16-2
港川沖商住宅25号
☎098-975-7825
時11時半～18時半
休無休
www.houkiboshi.jp
P23掲載商品／HPにて通販可

104. [oHacorté《オハコルテ》]港川本店

沖縄県浦添市港川2-17-1 #18
☎098-875-2129
時11時半～19時
休火
ohacorte.com
P78掲載商品／HPにて通販可

熊本県

17. アイスクリーム専門工房 ついんスター

熊本県菊池市旭志麓1584-4
☎0968-37-4556 時9時～17時
休木 ice-twinstar.com P19掲載商品／リニューアル商品はHPにて通販可

大分県

121. 大分銘品蔵

大分県大分市要町1-40 JR大分駅アミュプラザおおいた 豊後にわさき市場内
☎097-513-7061
時7時～21時半 休無休
P105掲載商品／TELにて通販可

宮崎県

122. バーバクラブ

宮崎県西臼杵郡五ヶ瀬町大字桑野内4805-4
☎0982-82-0050 時9時～17時
休日・年末年始・盆（8月13日～15日）
P 110掲載商品／TEL、FAX（TELと同じ）にて通販可

鹿児島県

57. 大阪屋製菓

鹿児島県鹿児島市柳町10-8
☎099-247-1411
時9時～17時
休土・日 konomi.shop/
P42掲載商品／HPにて通販可

73. 奄美きょら海工房 笠利店

鹿児島県奄美市笠利町用安フンニャト1254-1
☎0997-63-2208 時9時～18時半
休不定休 kyora-umi.com
P57掲載商品／HPにて通販可

>>73の駅から近い店
奄美きょら海工房 鹿児島店

鹿児島県鹿児島市中央町1-1
さつまち鹿児島中央駅みやげ横丁内
☎099-258-7769
時8時～21時 休施設に準ずる

高知県

12. あぜち食品

高知県高知市大津甲595-6
☎088-866-5453 時9時～17時
休土・日 azechifoods.com
P15掲載商品／HP、TELにて通販可

福岡県

68. ハラペコラボミュージアム ショップ&カフェ

福岡県福岡市南区大池1-26-7
義道ハイム1F
☎092-710-1136
時11時半～16時
休土・日・祝 harapecolab.com
P55掲載商品／HPにて通販可

84. 菓匠きくたろう

福岡県北九州市小倉南区
上曽根新町11-11
☎093-474-6006 時10時～19時
休不定休 www.kikutaro.net
P61掲載商品／通販不可

>>84の駅から近い店
菓匠きくたろうアミュプラザ小倉店

福岡県北九州市小倉北区浅野1-1-1
アミュプラザ小倉 西館1F
☎093-513-2828
時施設に準ずる 休不定休

佐賀県

21. アンジェココ

佐賀県鳥栖市蔵上4-121
☎0942-81-1638
時10時～19時
休月・第3火 angecoco.info
P21掲載商品／HPにて通販可

長崎県

140. 軍艦島デジタルミュージアム

長崎県長崎市松が枝町5-6
☎095-895-5000
時9時～17時（最終入館16時半）
休不定休 ganshokun.com
P116掲載商品／HPにて通販可

甲斐みのり

文筆家。旅や散歩、お菓子や地元パン、手みやげ、クラシック建築やホテル、雑貨や暮らしなどを主な題材に執筆。関連著書多数。『地元パン手帖』『お菓子の包み紙』(グラフィック社)、『歩いて、食べる 東京のおいしい名建築さんぽ』(エクスナレッジ)、『たべるたのしみ』『くらすたのしみ』(ミルブックス)など。

MOE BOOKS

にっぽん全国おみやげおやつ

2021年11月7日　初版発行
2022年8月11日　第4刷発行

著者　甲斐みのり ©Minori Kai 2021

発行人　柳沢 仁
発行所　株式会社 白泉社
〒101-0063 東京都千代田区神田淡路町2-2-2
電話：03-3526-8065(編集部)／03-3526-8010(販売部)／03-3526-8156(読者係)
デザイン　漆原悠一
編集　吉田奈央
撮影　米谷 享
印刷・製本　図書印刷株式会社

MOE web　https://www.moe-web.jp
白泉社ホームページ　https://www.hakusensha.co.jp
HAKUSENSHA Printed in Japan
ISBN 978-4-592-73306-5

本書は、月刊MOE2020年10月号、2021年1、4、7、9月号に掲載された記事に加筆の上、新たに構成したものです。